机械工程材料

主编 陈文凤

北京理工大学出版社
BEIJING INSTITUTE OF TECHNOLOGY PRESS

内 容 简 介

本书是为了适应高等职业教育发展的需要而编写的机电一体化、数控技术规划教材之一。全书共分11章，系统地介绍了金属的性能、纯金属与合金的晶体结构、纯金属与合金的结晶、金属的塑性变形与再结晶、铁碳合金、钢的热处理、合金钢、铸铁、有色金属及硬质合金、金属材料的表面处理简介、高分子材料及其他非金属材料等方面的知识。本书采用国家最新标准，突出实践性、实用性和先进性。

本书既可作为高等职业院校数控技术应用专业、机电一体化专业、模具设计与制造、机械制造及自动化专业或相关专业的教学用书，也可作为相关工程技术人员的参考用书及企业培训教材。

版权专有　侵权必究

图书在版编目（CIP）数据

机械工程材料/陈文凤主编. —北京：北京理工大学出版社，2018.8（2021.8重印）
ISBN 978-7-5682-4644-6

Ⅰ. ①机… Ⅱ. ①陈… Ⅲ. ①机械制造材料-高等学校-教材 Ⅳ. ①TH14

中国版本图书馆 CIP 数据核字（2018）第 196019 号

出版发行 / 北京理工大学出版社有限责任公司	
社　　址 / 北京市海淀区中关村南大街5号	
邮　　编 / 100081	
电　　话 /（010）68914775（总编室）	
（010）82562903（教材售后服务热线）	
（010）68948351（其他图书服务热线）	
网　　址 / http://www.bitpress.com.cn	
经　　销 / 全国各地新华书店	
印　　刷 / 三河市华骏印务包装有限公司	
开　　本 / 787毫米×1092毫米　1/16	责任编辑 / 张旭莉
印　　张 / 12.5	文案编辑 / 张旭莉
字　　数 / 294千字	责任校对 / 周瑞红
版　　次 / 2018年8月第1版　2021年8月第6次印刷	责任印制 / 李　洋
定　　价 / 36.00元	

图书出现印装质量问题，请拨打售后服务热线，本社负责调换

前　言

高职教育是以培养社会急需的实用技能型人才，为本地区经济建设和社会发展需求服务为目标的，高职毕业生不但要具备一定的专业理论知识，更要具备过硬的实践动手能力。机电专业是机械和电子两个专业方向有机结合的一个新兴专业。近年来传统机械行业与电子电气、自动控制、计算机等技术的相互融合不仅催生了机电专业并使其得到日新月异的发展，中国作为全球最大的制造业基地对机电专业技术人才的需求持续升温。所有这些在为高职机电专业的发展提供了机遇的同时也对高职机电教师的专业素质提出了很高的要求。

为了加强对高职学生实践动手能力的培养，各级教育主管部门都在积极推进以就业为导向、以技能为核心的高职课程改革；各高职院校也在积极探索各种课程改革措施，并通过实践总结出很多行之有效的课改措施，如近年来在机电专业教学中被广泛推崇的模块化教学、一体化教学等。

基于以上实际情况并根据高等职业院校金属材料及热处理课程在机电一体化、数控技术等专业知识总框架中所处的地位及教学基本要求，同时结合机电一体化、数控技术等专业的发展需求，我们在编写过程中更加重视了案例和生产实践经验的作用，新的教学法的引入以及更为实用的知识结构，力求做到"让学生能轻松学习，让教师轻松教学"的"双轻松"，同时本书紧扣新的教学理念，努力做到"紧跟课改、理念先进、内容实用、教师好教、学生爱学"的编写宗旨，面向生产，面向岗位，为培养社会生产型人才尽微薄之力。

本书共分11章，全面细致地介绍了金属的性能、纯金属与合金的晶体结构、纯金属与合金的结晶、金属的塑性变形与再结晶、铁碳合金相图与碳素钢、钢的热处理、合金钢、铸铁、有色金属及硬质合金、金属材料的表面处理、高分子材料及其他非金属材料等内容。

本书在修订过程中力求体现如下特点：

1. 突出实践的因素。如在每章加入生产实践经验，让学生更加明确对于该章节内容的学习目的；让教师的教学过程更加生动活泼，更具趣味性，也更能突出教学重点；

2. 每章均有与该章内容息息相关的案例作为教学前导，引导学生的学习兴趣和目标；

3. 每章均配有练习题和思考题，以供学生复习巩固该章所学知识，方便教师检查教学成果。

本书既可作为职业技术院校数控技术专业、机电一体化专业、机械制造与自动化专业、模具设计与制造专业等相关专业的教学用书，也可作为相关工程技术人员的参考用书以及企业培训教材。

参加本书编写的有陈文凤（第 2 章、第 3 章、第 4 章、第 5 章、第 7 章、第 10 章）、莫微君（绪论、第 1 章、实验）、姜慧芳（第 6 章）、刘跃鹏（第 8 章、第 9 章）、王卫红（第 11 章），由陈文凤担任主编。

限于编者水平有限，本书难免在内容上有欠缺和不妥之处，恳请读者批评指正。

编　者

目 录

绪论 ·· 3
第1章 金属的性能 ·· 7
 1.1 金属的物理性能和化学性能 ·· 8
 1.2 金属的力学性能 ··· 12
 1.3 金属的工艺性能 ··· 23
 本章小结 ·· 25
 思考题 ·· 25
 习题 ·· 26
第2章 纯金属与合金的晶体结构 ·· 27
 2.1 纯金属的晶体结构 ··· 28
 2.2 合金的晶体结构 ··· 31
 本章小结 ·· 33
 思考题 ·· 34
 习题 ·· 34
第3章 纯金属与合金的结晶 ·· 35
 3.1 纯金属的结晶 ··· 36
 3.2 合金的结晶 ··· 39
 本章小结 ·· 42
 思考题 ·· 42
 习题 ·· 42
第4章 金属的塑性变形与再结晶 ·· 43
 4.1 金属的塑性变形 ··· 44
 4.2 冷塑性变形对金属性能与组织的影响 ·· 46
 4.3 回复与再结晶 ··· 48
 4.4 金属的热塑性变形 ··· 49
 本章小结 ·· 51
 思考题 ·· 51
 习题 ·· 51
第5章 铁碳合金相图与碳素钢 ·· 53
 5.1 铁碳合金的组织 ··· 54
 5.2 铁碳合金相图 ··· 57

5.3　碳素钢 ……………………………………………………………… 66

本章小结 …………………………………………………………………… 72

思考题 ……………………………………………………………………… 72

习题 ………………………………………………………………………… 72

第6章　钢的热处理 …………………………………………………… 73

6.1　概述 …………………………………………………………………… 74

6.2　钢在加热时的转变 …………………………………………………… 75

6.3　钢在冷却时的转变 …………………………………………………… 77

6.4　退火与正火 …………………………………………………………… 83

6.5　淬火 …………………………………………………………………… 85

6.6　回火 …………………………………………………………………… 91

6.7　表面淬火 ……………………………………………………………… 93

6.8　化学热处理 …………………………………………………………… 95

6.9　热处理新工艺简介 …………………………………………………… 100

6.10　零件的热处理 ……………………………………………………… 101

本章小结 …………………………………………………………………… 104

思考题 ……………………………………………………………………… 104

习题 ………………………………………………………………………… 104

第7章　合金钢 …………………………………………………………… 107

7.1　合金元素在钢中的主要作用 ………………………………………… 108

7.2　合金钢的分类和牌号 ………………………………………………… 109

7.3　合金结构钢 …………………………………………………………… 110

7.4　合金工具钢 …………………………………………………………… 115

7.5　特殊性能钢 …………………………………………………………… 118

本章小结 …………………………………………………………………… 121

思考题 ……………………………………………………………………… 121

习题 ………………………………………………………………………… 121

第8章　铸铁 ……………………………………………………………… 123

8.1　铸铁的石墨化 ………………………………………………………… 124

8.2　灰铸铁 ………………………………………………………………… 125

8.3　可锻铸铁 ……………………………………………………………… 128

8.4　球墨铸铁 ……………………………………………………………… 129

8.5　其他铸铁 ……………………………………………………………… 131

本章小结 …………………………………………………………………… 133

思考题 ……………………………………………………………………… 134

习题 ………………………………………………………………………… 134

第9章　有色金属及硬质合金 ………………………………………… 135

9.1　铜及其合金 …………………………………………………………… 136

9.2　铝及其合金 …………………………………………………………… 141
9.3　钛及钛合金 …………………………………………………………… 144
9.4　轴承合金 ……………………………………………………………… 146
9.5　硬质合金 ……………………………………………………………… 148
本章小结 …………………………………………………………………… 150
思考题 ……………………………………………………………………… 150
习题 ………………………………………………………………………… 150

第 10 章　金属材料的表面处理 …………………………………………… 153
10.1　金属表面强化处理 …………………………………………………… 154
10.2　金属表面防腐处理 …………………………………………………… 155
10.3　金属表面装饰处理 …………………………………………………… 156
本章小结 …………………………………………………………………… 158
思考题 ……………………………………………………………………… 158
习题 ………………………………………………………………………… 158

第 11 章　高分子材料及其他非金属材料 ………………………………… 159
11.1　高分子化合物的基本知识 …………………………………………… 160
11.2　高分子材料 …………………………………………………………… 162
11.3　陶瓷材料 ……………………………………………………………… 168
11.4　复合材料 ……………………………………………………………… 169
本章小结 …………………………………………………………………… 171
思考题 ……………………………………………………………………… 171
习题 ………………………………………………………………………… 171

实验 ………………………………………………………………………… 173

附录 ………………………………………………………………………… 186

参考文献 …………………………………………………………………… 192

✓ 本门课程对应岗位：

工程材料是机械类或近机械类各专业学生必修的技术基础课。本课程的任务是使学生获得有关工程材料的基本理论和基本知识；掌握常用工程材料成分——加工工艺——组织——性能——应用之间关系的一般规律；熟悉常用工程材料；具有根据机械零件的工作条件和失效形式，合理选用工程材料的初步能力。本书既可作为职业技术院校数控技术专业、机电一体化专业、机械制造及自动化专业以及相关专业的教学用书，也可作为相关工程技术人员的参考用书及企业培训教材。

✓ 岗位需求知识点：

1. 掌握工程材料的性能、典型组织和结构的基本概念。
2. 掌握工程材料的成分、组织结构变化对性能的影响。
3. 掌握热处理的基本类型及简单热处理工艺的制定。
4. 掌握合金钢的种类、牌号、热处理特点及应用。
5. 掌握铸铁的种类、牌号、热处理特点及应用。
6. 了解有色金属及硬质合金的种类、牌号及应用。
7. 了解工程材料的表面处理。
8. 了解高分子材料及其他非金属材料的种类、性能及应用。

绪　　论

【本章知识点】
1. 材料的发展简史及工程材料的概念。
2. 工程材料的分类。
3. 学习本课程的目的、要求和方法。

材料是人类生产和生活所必需的物质基础。从日常生活用具到高、精、尖的产品，从简单的手工工具到技术复杂的航天器、机器人，都是由不同种类、不同性能的材料加工成的零件组合装配而成。每一种新材料的出现和使用，都使社会生产和生活发生重大的变化，并推动着人类文明的进步。

目前，人们把信息、材料、能源和生物工程称为现代技术的四大支柱，而能源和信息的发展，在一定程度上又依赖于材料的进步。因此，许多国家都把材料科学作为重点发展学科之一，使之为新技术革命提供坚实的基础。

1. 材料的发展史

人们对材料的认识是逐步深入的。1863年第一台金相光学显微镜问世，促进了金相学的研究，使人们步入材料的微观世界。1912年发现了X射线，开始了晶体微观结构的研究。1932年发明的电子显微镜以及后来出现的各种先进的分析工具，把人们带到了微观世界的更深层次。一些与材料有关的基础学科（如固体物理、量子力学、化学等）的发展，又有力地推动了材料研究的深化。所以，材料科学是研究材料的化学组成和微观结构与材料性能之间关系的一门科学。同时它还研究制取材料和使用材料的有关课题。

材料的发展史

我国的金属材料发展史可追溯至史前。早在4 000年前，我国就开始使用青铜，例如殷商祭器后母戊大方鼎，其体积庞大，鼎重875 kg，花纹精巧，造型精美。这充分说明了远在商代（前1562—前1066年），我国就有了高度发达的青铜冶炼技术。在春秋时期，我国发明了冶铁技术，开始用铸铁作农具，这比欧洲早1 800多年。明代科学家宋应星所著《天工开物》一书，内有冶铁、炼钢、铸钟、锻铁、淬火等各种金属加工方法，它是世界上有关金属加工工艺最早的科学著作之一，充分反映了我国劳动人民在材料及金属加工方面的卓越成就。

近数十年来，金属材料等工程材料，已成为生产和现代科学技术发展的重要物质基础。例如在能源开发方面，深井和海上钻井以及核反应堆，都和现代材料密切相关；在建筑业，摩天大楼和高速公路中都可看到现代金属材料的应用；在生物医药领域，金属材料的应用，使机体修复和器官再造达到了新的水平。材料的应用已渗透到国民经济的各个领域。在许多场合，科学和技术的继续发展都依赖于金属等现代工程材料的发展。

2. 工程材料的分类

工程材料是指工程上使用的材料，其种类繁多，有许多不同的分类方法。若按用途分，可分为建筑工程材料、机械工程材料、电工材料等；若按原子聚集状态分，可分为单晶体材料、多晶体材料和非晶体材料；若按材料的化学成分、结合键的特点分，可分为金属材料、非金属材料和复合材料三大类。

金属材料是目前应用最广泛的工程材料，它包括纯金属及其合金。在工业上，把材料分为两大类：一类是黑色金属，它是指铁、锰、铬及其合金，其中以铁为基的合金（钢和铸铁）应用最广；另一类是有色金属，是指除黑色金属以外的所有金属及其合金。按照特性的不同，有色金属又分为轻金属、重金属、贵金属、稀有金属和放射性金属等多种。

非金属材料是近几十年来发展很快的工程材料，今后还会有更大的发展。非金属材料包括有机高分子材料和无机材料两大类。有机高分子材料的主要成分是碳和氢，按其应用可分为塑料、橡胶、合成纤维。无机材料是指不含碳、氢的化合物，其中以陶瓷应用最广。

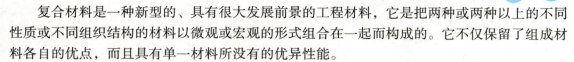

复合材料是一种新型的、具有很大发展前景的工程材料，它是把两种或两种以上的不同性质或不同组织结构的材料以微观或宏观的形式组合在一起而构成的。它不仅保留了组成材料各自的优点，而且具有单一材料所没有的优异性能。

3. 课程介绍

目前，机械工业正向着高速、自动、精密化方向迅速发展，在产品设计与制造过程中，遇到材料与材料加工的问题越来越多，机械工业的发展与"工程材料"这门课程之间的关系愈加密切。本课程除解决正确选择材料的问题外，还涉及部分的加工工艺问题，尤其是热处理工艺。因此，正确地选用材料，并施以合适的热处理方法，就能充分发挥材料本身的性能潜力，显著提高产品的质量，更好地满足不同使用条件下的要求。

工程材料课是机械类各专业的技术基础课。本课程的目的是使学生了解工程材料的一般知识，了解常用材料的成分、组织、性能与加工工艺之间的关系及其用途，使学生初步具有合理选用材料、正确确定加工方法及工艺的能力。

本课程是一门理论性和实践性很强的课程，而且叙述性的内容较多。大部分学生缺乏实际生产经验和感性知识，因此讲授时应注意教学方法，尽可能列举学生能接受的生产应用实例，辅以课堂讨论，强化实验，加深学生对课程内容的理解。学生应充分运用以前学过的知识，课后及时复习，认真完成实验和课外作业，尽力消化和理解工程材料的基本理论知识，达到能初步运用的目的。

第1章

金属的性能

【本章知识点】

1. 掌握金属材料的力学性能,包括强度、塑性、硬度、冲击韧性、疲劳强度等概念及各力学性能的衡量指标。
2. 了解金属材料的工艺性能。
3. 了解金属材料的物理、化学性能。

先导案例

1912年4月10日，当时世界上最大的豪华客轮，被称为"永不沉没的船"的泰坦尼克号，开始了从英国南安普敦出发，目的地为美国纽约的"梦幻客轮"的处女航。4月14日晚11点40分，泰坦尼克号在北大西洋撞上冰山，两小时四十分钟后沉没。由于缺少足够的救生艇，1 500人葬身海底，造成了当时最严重的一次航海事故，也是迄今为止最为人所知的一次海难。若当时造船使用材料的性能能达到现代高科技时代材料性能水平，这次事故是否可以避免呢？

金属材料是现代机械制造业的基本材料，广泛应用于制造各种生产设备、工具、武器和生活用具。金属材料之所以获得广泛的应用，是由于它具有许多良好的性能。

金属的性能可分为物理性能、化学性能、力学性能和工艺性能等。

物理性能包括密度、熔点、导热性、导电性、热膨胀性和磁性等。

化学性能表现为材料在室温、高温下抵抗各种化学作用的性能，如耐腐蚀性等。

力学性能是指材料在受力作用时所表现出来的各种性能。它们是通过一系列标准试验来测定的。

工艺性能即材料对某种加工工艺的适应性，包括铸造性能、锻造性能、焊接性能、切削加工性能和热处理性能等。

1.1 金属的物理性能和化学性能

1.1.1 金属的物理性能

1. 密度

某种物质单位体积的质量称为该物质的密度。金属的密度即是单位体积金属的质量。密度的表达式如下：

$$\rho = \frac{m}{V} \tag{1.1}$$

式中　ρ——物质的密度，（kg/m³）；

　　　m——物质的质量，（kg）；

　　　V——物质的体积，（m³）。

密度是金属材料的特性之一，不同金属材料的密度是不同的。在体积相同的情况下，金属材料的密度越大，其质量也就越大。金属材料的密度，直接关系到由它所制成设备的自重和效能。

常用金属的密度如表 1-1 所示。一般将密度小于 $5×10^3$ kg/m³ 的金属称为轻金属，密度大于 $5×10^3$ kg/m³ 的金属称为重金属。

表 1-1　常用金属的物理性能

金属名称	符号	密度 ρ （20 ℃）/（kg·m⁻³）	熔点/℃	热导率 λ/（W·m⁻¹·K⁻¹）	线胀系数 α_l（0~100 ℃）/（10^{-6}·℃⁻¹）	电阻率 ρ（0 ℃）/（10^{-6} Ω·cm）
银	Ag	10.49×10³	960.8	418.6	19.7	1.5
铜	Cu	8.96×10³	1 083	393.5	17	1.67（20 ℃）
铝	Al	2.7×10³	660	221.9	23.6	2.655
镁	Mg	1.74×10³	650	153.7	24.3	4.47
钨	W	19.3×10³	3 380	166.2	4.6（20 ℃）	5.1
镍	Ni	4.5×10³	1 453	92.1	13.4	6.84
铁	Fe	7.87×10³	1 538	75.4	11.76	9.7
锡	Sn	7.3×10³	231.9	62.8	2.3	11.5
铬	Cr	7.19×10³	1 903	67	6.2	12.9
钛	Ti	4.508×10³	1 677	15.1	8.2	42.1~47.8
锰	Mn	7.43×10³	1 244	4.98（-192 ℃）	37	185（20 ℃）

利用密度公式可以计算大型零件的质量，测量金属的密度可以鉴别金属和确定某些金属铸件的致密程度。

例： 有一块质量为 $5×10^{-2}$ kg 的形似黄金的金属，投入盛有 $125×10^{-6}$ m³ 水的量筒中，水面升高到 $128×10^{-6}$ m³ 的地方，问这块金属是纯金的吗（金的密度为 $19.3×10^3$ kg/m³）？

解： 已知：金属的质量　　　　　$m = 5×10^{-2}$ kg

金属的体积　　　　　$V = 128×10^{-6}$ m³ $- 125×10^{-6}$ m³ $= 3×10^{-6}$ m³

代入公式（1.1）　　　　$\rho = \dfrac{5×10^{-2}}{3×10^{-6}} = 16.7×10^3$（kg/m³）

求得此金属的密度与黄金的密度不符，故知这块金属不是纯金。

2. 熔点

金属和合金从固态向液态转变时的温度称为熔点。金属都有固定的熔点。常用金属的熔点如表 1-1 所示。

合金的熔点取决于它的成分，例如钢和生铁虽然都是铁和碳的合金，但由于含碳量不同，熔点也不同。熔点是金属和合金的冶炼、铸造、焊接等生产过程的重要工艺参数。

熔点高的金属称为难熔金属（如钨、钼、钒等）。可以用来制造耐高温零件，如在火箭、导弹、燃气轮机和喷气飞机等方面得到广泛应用。熔点低的金属称为易熔金属（如锡、铅等），可以用来制造印刷铅字（铅与锑的合金）、保险丝（铅、锡、铋、镉的合金）和防火安全阀等零件。

3. 导热性

金属材料传导热量的性能称为导热性。

导热性的好坏通常用热导率来衡量。热导率的符号是 λ，单位是 W/（m·K）。热导率越大，金属的导热性越好。金属的导热能力以银为最好，铜、铝次之。常用金属的热导率见表1-1。合金的导热性比纯金属差。

导热性是金属材料的重要性能之一，在制定焊接、铸造、锻造和热处理工艺时，必须考虑材料的导热性，防止金属材料在加热或冷却过程中形成过大的内应力，以免金属材料变形或破坏。

导热性好的金属散热也好，因此在制造散热器、热交换器与活塞等零件时，要选用导热性好的金属材料。

4. 导电性

金属材料传导电流的性能称为导电性。

衡量金属材料导电性能的指标是电阻率 ρ，电阻率的单位是 $\Omega\cdot m$。电阻率越小，金属导电性越好。金属导电性以银为最好，铜、铝次之。常用金属的电阻率见表1-1。合金的导电性比纯金属差。

导电性好的金属如纯铜、纯铝，适于做导电材料。导电性差的金属如康铜和铁铬铝合金适于做电热元件。

5. 热膨胀性

金属材料随着温度变化而膨胀、收缩的特性称为热膨胀性。一般来说，金属受热时膨胀，体积增大；冷却时收缩，体积减小。

热膨胀性的大小用线胀系数 α_l 和体胀系数 α_V 来表示。线胀系数计算公式如下：

$$\alpha_l = \frac{l_2 - l_1}{l_1 \Delta t} \tag{1.2}$$

式中　α_l——线胀系数，（1/K 或 1/℃）；

　　　l_1——膨胀前长度，（m）；

　　　l_2——膨胀后长度，（m）；

　　　Δt——温度变化量，$\Delta t = t_2 - t_1$（K 或 ℃）。

体胀系数近似为线胀系数的3倍。常用金属的线胀系数如表1-1所示。

在实际工作中考虑热膨胀性的地方颇多，例如铺设钢轨时，在两根钢轨衔接处应留有一定的空隙，以便使钢轨在长度方向有膨胀的余地；轴与轴瓦之间要根据膨胀系数来控制其间隙尺寸；在制定焊接、热处理、铸造等工艺时必须考虑材料的热膨胀影响，以减少工件的变形和开裂；测量工件的尺寸时也要注意热膨胀的因素，以减少测量误差。

例： 有一车工，车削一根长1 m的黄铜棒，车削中铜棒温度由10 ℃升高到30 ℃，这时铜棒的长度应为多少？试说明该车工在测量铜棒长度时应考虑什么因素？（黄铜棒的线胀系数为 17.8×10^{-6}/℃）。

解：已知：$\alpha_l = 17.8 \times 10^{-6}/℃$

$l_1 = 1 \text{ m}$

$\Delta t = 30 - 10 = 20$ （℃）

代入公式（1.2），得 $17.8 \times 10^{-6} = \dfrac{l_2 - 1}{1 \times 20}$

$l_2 = 17.8 \times 10^{-6} \times 20 + 1 = 1.000\ 356$ （m）

答：铜棒在 30 ℃时长度是 1.000 356 m，说明车工应等待冷却后再测量工件尺寸，在热态下测量将产生较大的误差。

6. 磁性

金属材料在磁场中受到磁化的性能称为磁性。根据金属材料在磁场中受到磁化程度的不同，可分为铁磁性材料（如铁、钴等）、顺磁性材料（如锰、铬等）和抗磁性材料（如铜、锌等）三类。铁磁性材料在外磁场中能强烈地被磁化；顺磁性材料在外磁场中，只能微弱地被磁化；抗磁性材料能抗拒或削弱外磁场对材料本身的磁化作用。工程上实用的强磁性材料是铁磁性材料。

铁磁性材料可用于制造变压器、电动机、测量仪表等。抗磁性材料可用作要求避免电磁场干扰的零件和结构材料。

铁磁性材料当温度升高到一定数值时，磁畴被破坏，变为顺磁体，这个转变温度称为居里点，如铁的居里点是 770 ℃。

1.1.2　金属的化学性能

1. 耐腐蚀性

金属材料在常温下抵抗氧、水蒸气及其他化学介质腐蚀破坏作用的能力，称为耐腐蚀性。

腐蚀作用对金属材料的危害很大。它不仅使金属材料本身受到损伤，严重时还会使金属构件遭到破坏，引起重大的伤亡事故。这种现象在制药、化肥、制酸、制碱等化工部门更应引起足够的重视。因此，提高金属材料的耐腐蚀性能，对于延长金属材料的使用寿命具有现实的经济意义。

2. 抗氧化性

金属材料在加热时抵抗氧化作用的能力，称为抗氧化性。金属材料的氧化随温度升高而加速，例如钢材在铸造、锻造、热处理、焊接等热加工作业时氧化比较严重，这不仅造成材料的过量损耗，还可形成各种缺陷。为此，常在工件的周围造成一种保护气氛，避免金属材料的氧化。

3. 化学稳定性

化学稳定性是金属材料的耐腐蚀性和抗氧化性的总称。金属材料在高温下的化学稳定性称为热稳定性。在高温条件下工作的设备（如锅炉、加热设备、汽轮机、喷气发动机等）上的部件需要选择热稳定性好的材料来制造。

1.2 金属的力学性能

在机械设备及工具的设计制造中选用金属材料时，大多以力学性能为主要依据，因此熟悉和掌握金属材料的力学性能是非常重要的。

所谓力学性能，是指金属在外力作用时表现出来的性能。力学性能包括强度、塑性、硬度、韧性及疲劳强度等。

金属材料在加工及使用过程中所受的外力称为载荷。根据载荷作用性质的不同，它可以分为静载荷、冲击载荷及疲劳载荷等三种。

（1）静载荷，是指大小不变或变动很慢的载荷。

（2）冲击载荷，是指突然增加的载荷。

（3）疲劳载荷，是指所经受的周期性或非周期性的动载荷（也称循环载荷）。

根据载荷作用方式不同，它可分为拉伸载荷、压缩载荷、弯曲载荷、剪切载荷和扭转载荷等，如图1-1所示。

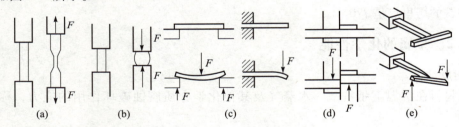

图1-1 载荷的作用形式

（a）拉伸载荷；（b）压缩载荷；（c）弯曲载荷；（d）剪切载荷；（e）扭转载荷

金属材料受不同载荷作用而发生的几何形状和尺寸的变化称为变形。变形一般分为弹性变形和塑性变形。

（1）弹性变形，是指卸载后可完全消失的变形。

（2）塑性变形，是指卸载后保留在物体中的残余变形。

金属受外力作用后，为保持其不变形，在材料内部作用着与外力相对抗的力，称为内力。单位面积上的内力称为应力。金属受拉伸载荷或压缩载荷作用时，其横截面积上的应力 σ 按下式计算：

$$\sigma = \frac{F}{A} \tag{1.3}$$

式中　F——外力，（N）；

　　　A——横截面积，（m²）；

　　　σ——应力，（Pa）。1 Pa = 1 N/m²。当面积用 mm² 时，则应力可用 MPa 为单位。1 MPa = 1 N/mm² = 10^6 Pa。

1.2.1 强度

金属在静载荷作用下，抵抗塑性变形或断裂的能力称为强度。强度的大小通常用应力来表示。

根据载荷作用方式（如图1-1所示）不同，强度可分为抗拉强度、抗压强度、抗弯强度、抗剪强度和抗扭强度五种。一般情况下多以抗拉强度作为判别金属强度高低的指标。抗拉强度是通过常温静载拉伸试验测定的。

静拉伸试验　　拉伸试验

1. 常温静载拉伸试验

按国家标准（GB/T 397—1986）制作标准拉伸试样，在拉伸试验机上缓慢地进行拉伸，使试样承受轴向拉力 F，并引起试样沿轴向伸长 Δl（$\Delta l = l_1 - l_0$），直至试样断裂。在实验中同时连续测量力和相应的伸长量，根据测得的数据，即可得到拉力 F 和相应伸长变形 Δl 的关系曲线，该曲线称为拉伸图，如图1-2所示。

通过观察可以发现，拉伸图的形状与试样的尺寸有关，要研究金属材料拉伸时的力学性能，就需要消除试样尺寸的影响。为了消除试样横截面尺寸的影响，将拉力 F 除以试样原来的横截面面积 A，得到 σ；为了消除试样长度的影响，将变形 Δl 除以试样原长 l_0，得到应变 ε，这样曲线就转变为纵坐标为 σ、横坐标为 ε 的应力-应变曲线，即 σ-ε 曲线（应力-应变曲线），如图1-3所示。

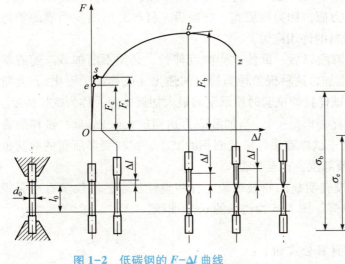

图1-2　低碳钢的 F-Δl 曲线　　图1-3　低碳钢的 σ-ε 曲线

σ-ε 曲线的形状与 F-Δl 曲线相似，但与试样尺寸无关，仅反映金属材料本身的特性。

2. 拉伸试样

拉伸试样的形状一般有圆形和矩形两类。在国家标准（GB/T 397—1986）中，对试样的形状、尺寸及加工要求均有明确的规定。图1-4所示为圆形拉伸试样。

图中 d_0 是试样的直径，l_0 为标距长度。根据标距长度与直径之间的关系，试样可分为长试样（$l_0 = 10d_0$）和短试样（$l_0 = 5d_0$）两种。

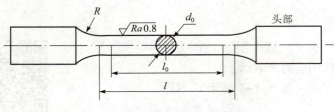

图 1-4 圆形拉伸试样

3. σ-ε 曲线

在得到的 σ-ε 曲线图（见图 1-3）中，明显地表现出下面几个变形阶段：

（1）*OA'*——弹性变形阶段。试样变形完全是弹性变形，此时如果卸载，试样即恢复原状。σ_e 为试样能恢复到原始形状和尺寸的最大加载应力，称为弹性极限。

拉伸曲线

需要指出的是，曲线图中 *OA'* 线段有一段直线部分 *OA*，在 *OA* 段内应力与应变成正比，比例系数即为 *OA* 直线的斜率 $\tan\alpha$，记作弹性模量 *E*。σ_p 为 *OA* 段所对应的最大加载应力，称为比例极限。实际上 *A* 与 *A'* 两点非常接近，一般不严格区分 σ_p 和 σ_e，统称为弹性极限。工程中，一般均使构件在弹性范围内工作。

（2）*BC*——屈服阶段。当加载应力超过 σ_e 再卸载时，试样的伸长只能部分地恢复，而保留一部分残余变形，此时保留在试样中的残余变形即为塑性变形。在这一阶段图上出现平台或锯齿状，这种在应力不增加或略有减小的情况下，试样还继续伸长的现象叫做屈服。σ_s 为屈服阶段中最低点所对应的应力值，称为屈服点。屈服后，材料开始出现明显的塑性变形。因此工程中常根据 σ_s 确定材料的许用应力。

（3）*CD*——强化阶段。在屈服阶段以后，欲使试样继续伸长，必须不断加载。随着塑性变形增大，试样变形抗力也逐渐增加，这种现象称为材料的强化（或称加工硬化），此阶段试样的变形是均匀发生的。σ_b 为试样拉伸试验时所承受的最大加载应力，称为抗拉强度。

（4）*DE*——缩颈阶段（局部塑性变形阶段）。当加载应力达到最大值 σ_b 后，试样的直径发生局部收缩，称为"缩颈"。由于试样缩颈处横截面积的减小，试样变形所需的载荷也随之降低，这时伸长主要集中于缩颈部位，直至断裂。

工程上使用的金属材料，多数没有明显的屈服现象。有些脆性材料，不仅没有屈服现象，而且也不产生"缩颈"，如铸铁等。图 1-5 为铸铁的 σ-ε 曲线。

4. 强度指标

（1）屈服点。用符号 σ_s 表示，计算公式如下：

$$\sigma_s = \frac{F_s}{A_0} \tag{1.4}$$

式中　F_s——试样屈服时的载荷，（N）；

A_0——横截面积，（mm^2）；

σ_s——屈服点，（MPa）。

对于无明显屈服现象的金属材料，按国标 GB/T 228—1987 规定用规定残余伸长应力 $\sigma_{0.2}$ 表示。$\sigma_{0.2}$ 表示试样卸除载荷后，其标距部分的残余伸长率达到 0.2% 时的应力，也称为

名义屈服强度,如图 1-6 所示。计算公式如下:

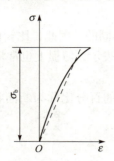

图 1-5　铸铁的 σ-ε 曲线

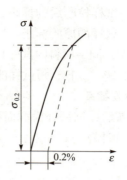

图 1-6　名义屈服强度

$$\sigma_{0.2} = \frac{F_{0.2}}{A_0} \tag{1.5}$$

式中　$F_{0.2}$——残余伸长率达 0.2% 时的载荷,(N);

　　　A_0——试样原始横截面积,(mm²);

　　　$\sigma_{0.2}$——规定残余伸长应力,(MPa)。

屈服点 σ_s 和名义屈服强度 $\sigma_{0.2}$ 都是衡量金属材料塑性变形抗力的指标。机械零件在工作时如受力过大,则因过量的塑性变形而失效。如零件工作时所受的应力,低于材料的屈服点或名义屈服强度,则不会产生过量的塑性变形。材料的屈服点或名义屈服强度越高,允许的工作应力也越高。因此,材料的屈服点或名义屈服强度是机械零件设计的主要依据,也是评定金属材料性能的重要指标。

(2) 抗拉强度。用符号 σ_b 表示。计算公式如下:

$$\sigma_b = \frac{F_b}{A_0} \tag{1.6}$$

式中　F_b——试样拉断前承受的最大载荷,(N);

　　　A_0——试样原始横截面积,(mm²);

　　　σ_b——抗拉强度,(MPa)。

零件在工作中所承受的应力,不允许超过抗拉强度,否则会产生断裂。σ_b 也是机械零件设计和选材的重要依据。

1.2.2　塑性

断裂前金属材料产生永久变形的能力称为塑性。塑性指标也是由拉伸试验测得的,常用伸长率和断面收缩率来表示。

1. 伸长率

试样拉断后,标距的伸长与原始标距的百分比称为伸长率,用符号 δ 表示。其计算公式如下:

$$\delta = \frac{l_1 - l_0}{l_0} \times 100\% \tag{1.7}$$

式中　δ——伸长率,(%);

l_1——试样拉断后的标距，(mm)；
l_0——试样的原始标距，(mm)。

必须说明，同一材料的试样长短不同，测得的伸长率是不同的，因此，比较伸长率时要注意试样规格的统一。长、短试样的伸长率分别用符号 δ_{10} 和 δ_5 表示，习惯上也常将 δ_{10} 写成 δ。

2. 断面收缩率

试样拉断后，缩颈处横截面积的缩减量与原始横截面积的百分比称为断面收缩率，用符号 ψ 表示。其计算公式如下：

$$\psi = \frac{A_0 - A_1}{A_0} \times 100\% \tag{1.8}$$

式中　ψ——断面收缩率，(%)；
　　　A_0——试样原始横截面积，(mm^2)；
　　　A_1——试样拉断后缩颈处的横截面积，(mm^2)。

金属材料的伸长率（δ）和断面收缩率（ψ）数值越大，表示材料的塑性越好。塑性好的金属可以发生大量塑性变形而不被破坏，且易于通过塑性变形加工成形状复杂的零件。例如，工业纯铁的 δ 可达 50%，ψ 可达 80%，可以拉制细丝、轧制薄板等。铸铁的 δ 几乎为零，所以不能进行塑性变形加工。塑性好的材料，在受力过大时，首先产生塑性变形而不致发生突然断裂，能提高使用过程的安全性。

1.2.3 硬度

材料抵抗其他更硬物体压入其表面的能力称为硬度，它反映了材料抵抗局部塑性变形的能力，是一个综合的物理量。

通常，硬度越高，金属表面抵抗塑性变形的能力越大，材料产生塑性变形就越困难，材料耐磨性也越好，故常将硬度值作为衡量材料耐磨性的重要指标之一。

布氏硬度试验　　布氏硬度

硬度测试的方法很多，最常用的有布氏硬度试验法、洛氏硬度试验法和维氏硬度试验法三种。

1. 布氏硬度

（1）测试原理。用直径为 D 的球体（淬火钢球或硬质合金球），以规定的试验力 F 压入被测材料表面，保持一定时间后卸除试验力，此时被测材料表面将出现直径为 d 的压痕，如图 1-7 所示。

布氏硬度计原理

布氏硬度值是用球面压痕单位表面积上所承受的平均压力来表示。用符号 HBS（HBW）来表示，计算公式如下：

$$\text{HBS（HBW）} = \frac{F}{S} = 0.102 \frac{2F}{\pi D (D - \sqrt{D^2 - d^2})} \tag{1.9}$$

式中　HBS（HBW）——用淬火钢球（或硬质合金球）试验时的布氏硬度值；

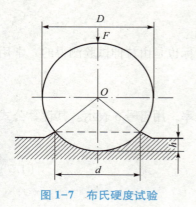

图 1-7　布氏硬度试验

F——试验力,(N);
S——球面压痕表面积,(mm^2);
D——球体直径,(mm);
d——压痕平均直径,(mm)。

从上式中可以看出,当试验力 F、球体直径 D 一定时,布氏硬度值仅与压痕直径 d 的大小有关。显然,材料越硬,d 越小,布氏硬度值越大;反之,布氏硬度值越小。

在实际应用中,布氏硬度一般不用计算,而是用专用的刻度放大镜量出压痕直径 d,根据压痕直径的大小,再从专门的硬度表中查出相应的布氏硬度值,详见附录2。

(2) 表示方法。在符号 HBS 或 HBW 之前用数字表示硬度值,布氏硬度的单位(N/mm^2)习惯上不予标注,例如 170HBS,530HBW。

用淬火钢球为压头所测出的硬度值以 HBS 表示,用硬质合金球为压头所测出的硬度值以 HBW 表示。

作布氏硬度试验时,压头球体的直径 D、试验力 F 及试验力保持的时间 t,应根据被测金属材料的种类、硬度值的范围及金属的厚度进行选择。

常用的压头球体直径有 1,2,2.5,5,10 mm 五种,试验力在 9 807 N~29.42 kN 范围内,两者之间的关系见表 1-2。试验力保持时间,一般黑色金属为 10~15 s,有色金属为 30 s,布氏硬度值小于 35 时为 60 s。

(3) 适用范围及优缺点。布氏硬度主要适用于测定灰铸铁、有色金属、各种软钢等硬度不是很高的材料。

测量布氏硬度采用的试验力大,球体直径也大,因而压痕直径也大,因此能较准确地反映出金属材料的平均性能。另外,由于布氏硬度与其他力学性能(如抗拉强度)之间存在着一定的近似关系,因而在工程上得到广泛应用。

测量布氏硬度的缺点是操作时间较长,对不同材料需要不同压头和试验力,压痕直径测量较费时;在进行高硬度材料试验时,由于球体本身的变形会使测量结果不准确。因此,用淬火钢球压头测量时,材料硬度值必须小于 450;用硬质合金球压头时,材料硬度值必须小于 650。又因其压痕较大,不宜用于测量成品及薄件。

表 1-2 根据材料和布氏硬度范围选择试验条件

材 料	布氏硬度	F/D^2
钢及铸铁	<140	10
	≥140	30
铜及其合金	<35	5
	35~130	10
	>130	30
轻金属及其合金	<35	2.5(1.25)
	35~80	10(5 或 15)
	>80	10(15)
铅、锡		1.25(1)

注:当有关标准中没有明确规定时,应使用无括号的 F/D^2 值。

2. 洛氏硬度

（1）测试原理。洛氏硬度试验采用顶角为120°的金刚石圆锥体或直径为1.588 mm的淬火钢球作压头，以一定的压力使其压入材料表面，测量压痕深度来计算洛氏硬度值。

图1-8是用金刚石压头进行洛氏硬度试验的示意图。测量时，先加初试验力 F_0，压入深度为 h_1，目的是消除因零件表面不光滑而造成的误差。然后再加主试验力 F_1，在总试验力（F_0+F_1）的作用下，压头压入深度为 h_2。卸除主试验力，由于金属弹性变形的恢复，使压头回升到 h_3 的位置，则由主试验力所引起的塑性变形的压痕深度 $e=h_3-h_1$。显然，e 值越大，被测金属的硬度越低，为了符合数值越大、硬度越高的习惯，将一个常数 K 减去 e 来表示硬度的大小，并用0.002 mm压痕深度作为一个硬度单位，由此获得洛氏硬度值，用符号HR表示。即洛氏硬度值按下列公式计算：

$$HR = \frac{K-e}{0.002} \quad (1.10)$$

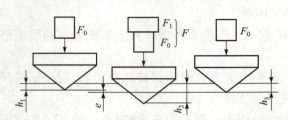

图1-8 洛氏硬度测试过程示意图

式中　HR——洛氏硬度值；

　　　K——常数。用金刚石圆锥体压头进行试验时 K 为0.2 mm；用钢球压头进行试验时，K 为0.26 mm；

　　　e——压痕深度，（mm）。

（2）常用洛氏硬度的三种标尺及其适用范围。根据公式1.10可知，洛氏硬度没有单位，试验时硬度值无须计算，可直接从硬度计的表盘上读出。

为了用一台硬度计测定从软到硬不同金属材料的硬度，可采用不同的压头和总试验力组成几种不同的洛氏硬度标尺，每一种标尺用一个字母在洛氏硬度符号HR后面加以注明。常用的洛氏硬度标尺是HRA、HRB、HRC三种，其中HRC标尺应用最为广泛。三种洛氏硬度标尺的试验条件和适用范围见表1-3。

表1-3　常用洛氏硬度标尺的试验条件和适用范围

硬度标尺	压头类型	总试验力/N	硬度值有效范围	应用举例
HRC	120°金刚石圆锥体	1 471.0	20～67HRC	一般淬火钢件
HRB	φ1.588 mm 钢球	980.7	25～100HRB	软钢、退火钢、铜合金等
HRA	120°金刚石圆锥体	588.4	60～85HRA	硬质合金、表面淬火钢等

各种不同标尺的洛氏硬度值不能直接进行比较，但可用实验测定的换算表（见附录3）相互比较。在中硬度情况下，洛氏硬度与布氏硬度之间的关系约为1∶10，如40HRC相当于

400HBS 左右。

(3) 表示方法。符号 HR 前面的数字表示硬度值，HR 后面的字母表示不同洛氏硬度的标尺。例如 45HRC 表示用 C 标尺测定的洛氏硬度值为 45。

(4) 优缺点。洛氏硬度试验的优点是操作简单迅速，能直接从刻度盘上读出硬度值；压痕较小，可以测定成品及较薄工件；测试的硬度值范围大，从很软到很硬的金属材料均可测量。其缺点是：压痕较小，当材料的内部组织不均匀时，硬度数据波动较大，测量值的代表性差，通常需要在不同部位测试数次，取其平均值来代表金属材料的硬度。

3. 维氏硬度

(1) 试验原理。测定维氏硬度的原理基本上和布氏硬度相同，区别在于压头采用锥面夹角为 136°的金刚石正四棱锥体，压痕是四方锥型，用测量压痕对角线的长度来计算硬度，如图 1-9 所示。维氏硬度用符号 HV 表示。计算公式如下：

维氏硬度试验

$$HV = 0.189\ 1 \frac{F}{d^2} \tag{1.11}$$

式中　HV——维氏硬度；
　　　F——试验力，(N)；
　　　d——压痕两对角线长度算术平均值，(mm)。

在实际工作中，维氏硬度值同布氏硬度一样，不用计算，而是根据压痕对角线长度，从表中直接查出。

维氏硬度试验所用的试验力可根据试件的大小、厚薄等条件进行选择，常用试验力在 49.03～980.7 N 范围内变动；而小负荷维氏硬度试验力范围为 1.96～49.03 N；显微维氏硬度试验力范围为 9.807×10^{-2}～1.96 N。

(2) 表示方法。与布氏硬度相同，例如 640HV 表示测定的维氏硬度值为 640。

(3) 适用范围及优缺点。维氏硬度因试验时所加的试验力小，压入深度较浅，故可测量较薄的材料；也可测量材料表面渗碳、渗氮层的硬度。因维氏硬度值具有连续性（10～1 000 HV），故可测定从很软到很硬的各种金属材料的硬度，且准确性高。维氏硬度试验的缺点是测量压痕对角线的长度较烦琐，压痕小，对试件表面质量要求较高。

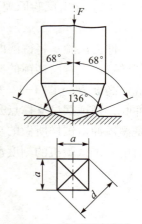

图 1-9　维氏硬度实验原理示意图

1.2.4　韧性

1. 冲击韧度

许多机械零件在工作状态时会受到冲击载荷的作用，如活塞销、锤杆、冲模和锻模等。瞬时冲击所引起的应力和变形要比静载荷引起的大得多。因而选用制造这类零件的材料时，其性能指标不能单纯用静载荷作用下的指标来衡量，而必须考虑材料抵抗冲击载荷的能力。

摆锤一次冲击试验

金属材料抵抗冲击载荷作用而不被破坏的能力称为冲击韧性,用冲击韧度来表示其大小。目前,常用一次摆锤冲击弯曲试验来测定金属材料的冲击韧度。

(1) 冲击试样。为了使试验结果可以互相比较,必须采用标准试样。冲击试样的类型很多,可根据国家标准有关规定来选择。常用的试样有 10 mm×10 mm×55 mm 的 U 形缺口和 V 形缺口试样,其尺寸如图 1-10 所示。

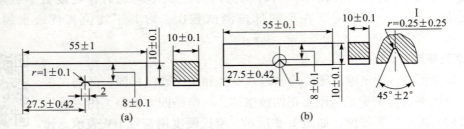

图 1-10 冲击试样

(a) U 形缺口冲击试样;(b) V 形缺口冲击试样

(2) 冲击试验原理。冲击试验是利用能量守恒原理,试样被冲断过程中吸收的能量等于摆锤冲击试样前后的势能差。

冲击试验:将待测的金属材料加工成标准试样,然后放在试验机的两个支承上,放置时试样缺口应背向摆锤的冲击方向,如图 1-11 (a) 所示。再将具有一定重量 G 的摆锤升至规定高度 H_1(图 1-11 (b)),使其获得一定的势能(E_{p1}),然后使摆锤自由落下,将试样冲断,摆锤摆过支撑点升至高度 H_2。摆锤的剩余势能为 E_{p2}。试样被冲断时所吸收的能量即是摆锤冲击试样所做的功,称为冲击吸收功,用符号 A_K($A_K = E_{p1} - E_{p2}$)表示。通常,A_K 值由冲击试验机的刻度盘直接读出。

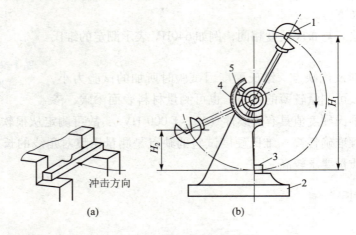

图 1-11 冲击试验示意图

(a) 试样放置位置;(b) 冲击试验机示意图

1—摆锤;2—机架;3—试样;4—刻度盘;5—指针

(3)冲击韧度的计算。冲击吸收功（A_K）除以试样缺口处截面积（S_0），即可得到材料的冲击韧度，用符号 α_K 表示。其计算公式如下：

$$\alpha_K = \frac{A_K}{S_0} \tag{1.12}$$

式中　α_K——冲击韧度，（J/cm^2）；

　　　A_K——冲击吸收功，（J）；

　　　S_0——试样缺口处截面积，（cm^2）。

冲击韧度是冲击试样缺口处单位横截面积上的冲击吸收功。冲击韧度越大，表示材料的冲击韧性越好。

必须说明的是，使用不同类型的试样（V形缺口或U形缺口）进行试验时，其冲击吸收功应分别标为 A_{KV} 或 A_{KU}，冲击韧度则标为 α_{KV} 或 α_{KU}。

2. 多冲抗力

实践表明，承受冲击载荷的机械零件，很少因一次大能量冲击而遭破坏，绝大多数是在一次冲击不足以使零件破坏的小能量多次冲击作用下而破坏的，如冲模的冲头等。这类零件破坏是由于多次冲击损伤的积累，导致裂纹的产生与扩展的结果，根本不同于一次冲击的破坏过程。对于这样的零件，用冲击韧度来作为设计依据显然是不符合实际的，需要采用小能量多次冲击试验来检验这类金属材料的抗冲击性能，即检验其多冲抗力。

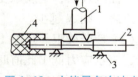

图1-12　小能量多次冲击试验示意图

1—冲头；2—试样；3—支撑座；4—橡胶传动轴

多次冲击试验

图1-12是小能量多次冲击试验示意图。将材料制成专用试样放在多冲试验机上，使之受到试验机锤头的较小能量多次冲击。测定在一定冲击能量下，材料断裂前所承受的冲击次数，以此作为金属材料多冲抗力的指标。

应当指出，金属材料仅在冲击次数很少的大能量冲击载荷作用下，其冲击抗力才主要取决于冲击韧度 α_K 值。而在小能量多次冲击条件下，其冲击抗力主要取决于材料的强度和塑性。

1.2.5　疲劳强度

1. 疲劳的概念

许多机械零件，如轴、齿轮、轴承、叶片、弹簧等，在工作过程中各点的应力随时间做周期性的变化，这种随时间作周期性变化的应力称为交变应力（也称循环应力）。在交变应力作用下，虽然零件所承受的应力低于材料的屈服点，但经过较长时间的工作后产生裂纹或突然发生完全断裂的现象称为金属疲劳。

疲劳破坏是机械零件失效的主要原因之一。据统计，在机械零件失效中大约有80%以上属于疲劳破坏，而且疲劳破坏前没有明显的变形，所以疲劳破坏经常造成重大事故。

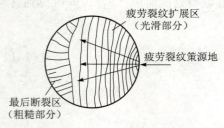

图 1-13 疲劳断裂宏观断口示意图

2. 疲劳破坏的特征

尽管交变载荷有各种不同的类型，但疲劳破坏仍有以下共同的特点：

（1）疲劳断裂时并没有明显的宏观塑性变形，断裂前没有预兆，而是突然破坏。

（2）引起疲劳断裂的应力很低，常常低于材料的屈服点应力。

（3）疲劳破坏的宏观断口由两部分组成，即疲劳裂纹的策源地及扩展区（光滑部分）和最后断裂区（粗糙部分），如图 1-13 所示。

机械零件之所以产生疲劳断裂，是由于材料表面或内部有缺陷（夹杂、划痕、显微裂纹等），这些地方的局部应力大于屈服点，从而产生局部塑性变形而导致开裂。这些微裂缝随应力循环次数的增加而逐渐扩展，直至最后承载的截面减小到不能承受所加载荷而突然断裂。

3. 疲劳曲线和疲劳极限

（1）疲劳曲线。是指交变应力 σ 与循环次数 N 的关系曲线，如图 1-14 所示。曲线表明，金属承受的交变应力越小，则断裂前的应力循环次数 N 越多，反之，则 N 越少。

（2）疲劳极限。从图 1-14 可以看出，当应力达到 σ_5 时，曲线与横坐标平行，表示应力低于此值时，试样可以经受无数周期循环而不被破坏，此应力值称为材料的疲劳极限。疲劳极限是金属材料在无限多次交变应力作用下而不被破坏的最大应力。显然疲劳极限的数值越大，材料抵抗疲劳破坏的能力越强。当应力为对称循环时（图 1-15），疲劳极限用符号 σ_{-1} 表示。

纯弯曲疲劳试验

实际上，金属材料不可能作无数次交变载荷试验。对于黑色金属，一般规定应力循环 10^7 周次而不断裂的最大应力为疲劳极限，有色金属、不锈钢等取 10^8 周次。

金属的疲劳极限受到很多因素的影响，如工作条件、表面状态、材料成分、组织及残余内应力等。改善零件的结构形式、降低零件表面粗糙度及采取各种强化表面的方法，都能提高零件的疲劳极限。

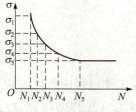

图 1-14 疲劳曲线示意图

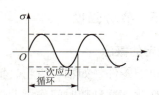

图 1-15 对称循环应力图

金属材料力学性能的基本指标及其含义见表 1-4。

第 1 章 金属的性能

表 1-4 常用金属材料的力学性能指标及其含义

力学性能	性能指标			含 义
	符 号	名 称	单位	
强度	σ_b	抗拉强度	MPa	试样拉断前所能承受的最大应力
	σ_s	屈服点	MPa	拉伸过程中,力不增加(保持恒定)试样仍能继续伸长时的应力
	$\sigma_{0.2}$	规定残余伸长应力	MPa	规定残余伸长率达 0.2% 时的应力
塑性	δ	伸长率	—	标距的伸长与原始标距的百分比
	ψ	断面收缩率	—	缩颈处横截面积的缩减量与原始横截面积的百分比
硬度	HBS(HBW)	布氏硬度值	—	球形压痕单位面积上所承受的压力
	HRC HRB HRA	C 标尺洛氏硬度值 B 标尺洛氏硬度值 A 标尺洛氏硬度值	—	用洛氏硬度相应标尺刻度满程与压痕深度之差计算的硬度值
	HV	维氏硬度值	—	正四棱锥形压痕单位表面积上所承受的压力
冲击韧性	α_K	冲击韧度	J/cm²	冲击试样缺口处单位横截面积上的冲击吸收功
疲劳强度	σ_{-1}	疲劳极限	MPa	试样承受无数次(或给定次)对称循环应力仍不断裂的最大应力

1.3 金属的工艺性能

工艺性能是指金属材料对不同加工工艺方法的适应能力,它包括铸造性能、锻造性能、焊接性能、切削加工性能和热处理性能等。工艺性能直接影响到零件的制造工艺和质量,是选材和制订零件工艺路线时必须考虑的因素之一。

1. 铸造性能

金属及合金在铸造工艺中获得优良铸件的能力称为铸造性能。衡量铸造性能的主要指标有流动性、收缩性和偏析倾向等。

(1) 流动性。熔融金属的流动能力称为流动性,它主要受金属化学成分和浇注温度等因素的影响。流动性好的金属容易充满铸型,从而获得外形完整、尺寸精确、轮廓清晰的铸件。

（2）收缩性。铸件在凝固和冷却过程中，其体积和尺寸减小的现象称为收缩性。铸件收缩不仅影响尺寸精度，还会使铸件产生缩孔、疏松、内应力、变形和开裂等缺陷，故用于铸造的金属其收缩率越小越好。

（3）偏析倾向。金属凝固后，内部化学成分和组织的不均匀现象称为偏析。偏析严重时能使铸件各部分的力学性能有很大的差异，降低铸件的质量。偏析倾向对大型铸件的危害更大。

2. 锻造性能

用锻压成形方法获得优良锻件的难易程度称为锻造性能。锻造性能的好坏主要同金属的塑性和变形抗力有关。塑性越好，变形抗力越小，金属的锻造性能越好。例如黄铜和铝合金在室温状态下就有良好的锻造性能，碳钢在加热状态下锻造性能较好，铸铁则不能锻压。

3. 焊接性能

焊接性能是指金属材料对焊接加工的适应性，也就是在一定的焊接工艺条件下，获得优质焊接接头的难易程度。对碳钢和低合金钢，焊接性能主要同金属材料的化学成分有关（其中碳的影响最大）。如低碳钢具有良好的焊接性，高碳钢、铸铁的焊接性较差。

4. 切削加工性能

切削加工金属材料的难易程度称为切削加工性能。切削加工性能一般用工件切削后的表面粗糙度及刀具寿命等指标来衡量。影响切削加工性能的因素主要有工件的化学成分、组织状态、硬度、塑性、导热性和形变强化等。一般认为金属材料具有适当硬度（170～230HBS）和足够的脆性时较易切削。所以铸铁比钢切削加工性能好，一般碳钢比高合金钢切削加工性能好。改变金属材料的化学成分和进行适当的热处理，是改善金属材料切削加工性能的重要途径。

5. 热处理性能

热处理工艺性能是钢非常重要的性能，将在后续章节中详细讨论。

知识拓展

在工程上希望金属材料不仅具有高的 σ_s，还应具有一定的屈强比（σ_s/σ_b）。屈强比越小，结构零件的可靠性越高。即使超载，也能由于塑性变形使金属的强度提高而不至于立刻破坏。但如果此值过小，则材料强度的有效利用率太低。因此一般希望屈强比高一些。例如碳素结构钢的屈强比一般为 0.6 左右，低合金结构钢一般为 0.65～0.75，合金结构钢一般为 0.85 左右。

先导案例解决

冰山撞击了泰坦尼克号船体，导致船底的钢板、铆钉承受不了冲击而毁坏，当初制造时也有考虑钢板、铆钉的材质使用较脆弱，而在制造过程中加入了矿渣，但矿渣分布过密，因而使钢板、铆钉变得脆弱无法承受冲击（当时铆钉撞击时承受压力约为 44 648 N），钢板、铆钉断裂后,海水涌进水密舱,超过了泰坦尼克号水密舱最大承受极限,造成了当时最严重的一次航海事故。见图 1-16、图 1-17 的对比图。

图 1-16　泰坦尼克号钢板冲击实验结果

图 1-17　近代船用钢板冲击实验结果

生产学习经验

1. 金属材料使用性能的好坏,决定了它的使用范围与寿命。
2. 金属材料工艺性能的好坏决定了它对各类加工方法的适应能力。
3. 力学性能是选用金属材料的主要依据。
4. 小能量多次冲击抗力主要取决于材料的强度和塑性。但在大能量一次冲断的情况下材料的冲击抗力还是取决于冲击韧度值的大小。
5. 疲劳断裂是在事先无明显塑性变形的情况下突然发生,具有很大的危险性。
6. 金属材料仅有良好的力学性能是不够的,还必须有良好的工艺性能,才能得到生产工艺简单、质量良好、成本低廉的工件。

本章小结

在机械设备及工具的设计、制造过程中,力学性能是选用金属材料的主要依据。因而本章的重点是力学性能中的强度、塑性、硬度、冲击韧性和疲劳强度的基本概念及其衡量指标。难点是对拉伸曲线各阶段的分析。

思考题

测定灰铸铁、成品工具(如钻头、锉刀等)、黄铜等材料的硬度时,应该用哪一种硬度测试法?怎样表示其硬度值?

习 题

1. 说明下列力学性能指标的名称、单位及其含义：σ_b、σ_s、$\sigma_{0.2}$、σ_{-1}、δ、α_K、HBS、HRC。

2. 根据作用性质的不同，载荷可分为哪几类？

3. 什么是变形，分为哪两类？

4. 绘制低碳钢的 σ-ε 曲线，指出在曲线上哪点出现颈缩现象？如果拉断后试棒上没有颈缩，是否表示它未发生塑性变形？

5. 什么是强度？衡量强度的常用指标有哪些？各用什么符号表示？

6. 什么是塑性？衡量塑性的指标有哪些？各用什么符号表示？

7. 三种材料的 σ-ε 曲线如图 1-18 所示。试说明哪种材料的强度高？哪种材料的塑性好？哪种材料的弹性模量大（在弹性范围内）？

8. 什么是硬度？常用的硬度试验法有哪三种？各用什么符号表示？

9. 布氏硬度试验法有哪些优缺点？说明其应用范围。

10. 常用的洛氏硬度标尺有哪三种？各适于测定哪些材料的硬度？

11. 在什么条件下，应用布氏硬度试验比洛氏硬度试验好？

12. 有四种材料，它们的硬度分别为 478HV，79HRA，65HRC，474HBW。试比较这四种材料硬度的高低。

13. 什么是冲击韧性？

14. 什么是冲击韧度？其值用什么符号表示？大能量一次冲击和小能量多次冲击的冲击抗力各取决于什么？

15. 什么是金属的疲劳现象？

16. 什么是疲劳极限？当应力为对称循环应力时，疲劳极限用什么符号表示？

17. 何谓金属的工艺性能？主要包括哪些内容？

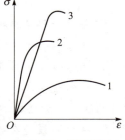

图 1-18　第 7 题图

第 2 章
纯金属与合金的晶体结构

【本章知识点】

1. 掌握纯金属的晶体结构及常见的晶格类型。
2. 掌握合金的基本概念及晶体结构。
3. 了解金属晶体结构的缺陷。

先导案例

水晶（如图 2-1 所示）是晶体，普通玻璃（如图 2-2 所示）是非晶体，它们的原子排列方式、性能有何异同呢？

图 2-1　水晶制品

图 2-2　玻璃制品

金属材料是非常重要的工程材料，不同的金属材料具有不同的力学性能。即使是同一种金属材料，在不同的条件下，其力学性能也是不同的。金属材料力学性能的差异是由其化学成分和组织结构所决定的。掌握金属的内部结构及其对金属性能的影响，对于选用和加工金属材料具有非常重要的意义。

2.1　纯金属的晶体结构

2.1.1　晶体结构

1. 晶体与非晶体

在物质内部，凡原子呈无序堆积状况的，称为非晶体，如普通玻璃、松香、树脂等。凡原子呈有序、有规则排列的物体称为晶体，如金刚石、石墨等。金属在固态下一般均属于晶体。

晶体与非晶体，由于原子排列方式不同，它们的性能差异很大。晶体具有固定的熔点，其性能呈各向异性；非晶体没有固定熔点，其性能表现为各向同性。

晶体结构模型

2. 晶格与晶胞

晶体内部原子在空间是按一定的几何规律排列的。为了便于理解与研究，我们把原子看成是一个小球,金属晶体就是由这些小球有规律地堆积而成的,如图2-3所示。

为了清楚地表示晶体中原子排列的规律,可以将原子简化成一个点,用假想的线将这些点连接起来,构成有明显规律性的空间格架。这种表示原子在晶体中排列规律的空间格架叫做晶格,如图2-4(a)所示。晶格是由许多形状、大小相同的最小几何单元重复堆积而成的。这种能够完整地反映晶格特征的最小几何单元称为晶胞,如图2-4(b)所示。

3. 晶面和晶向

在晶体中由一系列原子组成的平面,称为晶面。图2-5所示为一些简单立方晶格的晶面。通过两个或两个以上原子中心的直线,可代表晶格空间排列的方向,称为晶向,如图2-6所示。由于在晶体的各个晶面和晶向上原子排列的疏密程度不同,原子密度及原子间结合力大小也就不同,从而在不同的晶面和晶向上显示出不同的性能,这就是晶体具有各向异性的原因。

图2-3 晶体内部原子排列示意图

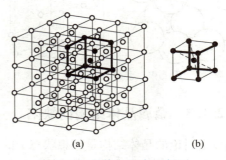

图2-4 晶格和晶胞示意图
(a)晶格;(b)晶胞

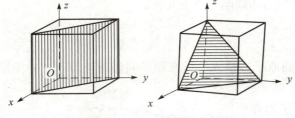

图2-5 立方晶格中的一些晶面

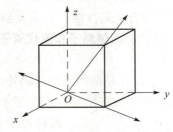

图2-6 立方晶格中的几个晶向

2.1.2 常见的晶格类型

1. 体心立方晶格

体心立方晶格的晶胞是一个立方体,立方体的八个顶角上和立方体的中心各有一个原子,如图2-7所示。属于这种晶格类型的金属有铬(Cr)、钨(W)、钒(V)、钼(Mo)及α-铁等。

体心立方结构模型

2. 面心立方晶格

面心立方晶格的晶胞也是一个立方体,立方体的八个顶角上和立方体六个面的中心各排列一个原子,如图2-8所示。属于这种晶格类型的金属有铝(Al)、铜(Cu)、金(Au)、镍(Ni)及γ-铁等。

面心立方结构模型

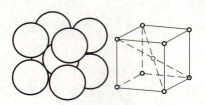

图 2-7　体心立方晶胞

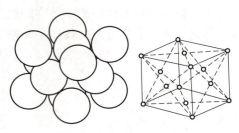

图 2-8　面心立方晶胞

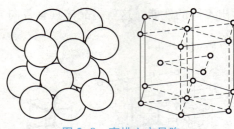

图 2-9　密排六方晶胞

密排立方结构模型

3. 密排六方晶格

密排六方晶格的晶胞是一个正六棱柱体，原子排列在柱体的每个顶角上和上、下底面的中心，另外三个原子排列在柱体内，如图 2-9 所示。属于这种晶格类型的金属有镁（Mg）、铍（Be）、锌（Zn）等。

2.1.3　金属晶体结构的缺陷

以上讨论的晶体结构是理想状态下的晶体结构。在实际使用的金属材料中，由于加进了其他种类的原子，以及材料在冶炼后的凝固过程中受到各种因素的影响，使本来有规律的原子堆积方式受到干扰。晶体中出现的各种不规则的原子堆积现象称为晶体缺陷。这些晶体缺陷对金属及合金的性能产生重大影响，常见的晶体缺陷有以下几种。

1. 空位、间隙原子和置代原子

若晶格结点应该有原子的地方没有原子，就会出现"空洞"，这种原子堆积上的缺陷叫做"空位"；在晶格的某些空隙处出现多余的原子或挤入的外来原子叫做间隙原子；异类原子占据晶格的结点位置，这些原子叫做置代原子，如图 2-10 所示。空位、间隙原子和置代原子的存在，均会使周围的原子偏离平衡位置，引起附近晶格的畸变。

2. 位错

晶体中某处有一列或若干列原子发生有规律的错排现象叫做位错。位错有刃型位错、螺型位错等。图 2-11 所示的是形式比较简单的刃型位错，在这个晶体的某一水平面（ABCD）的上方，多出一个原子面（EFGH），它中断于 ABCD 面上的 EF 处，这个原子面如同刀刃一样插入晶体，故称刃型位错。在位错的附近区域，晶格发生了畸变。位错的特点之一是原子很容易在晶体中移动，金属材料的塑性变形便是通过位错运动来实现的。

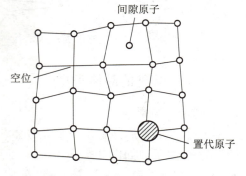

图 2-10　空位、间隙原子和置代原子示意图

3. 晶界和亚晶界

实际金属多是由大量外形不规则的晶粒组成的多晶体。每个晶粒相当于一个单晶体。所有晶粒结构完全相同,但彼此之间的位向不同,一般相差几度或几十度。晶界处的原子排列是不规则的,这里的原子处于不稳定的状态,如图 2-12 (a) 所示。

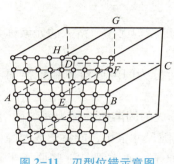

图 2-11　刃型位错示意图

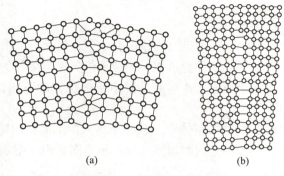

图 2-12　面缺陷示意图
(a) 晶界;(b) 亚晶界

实验证明,在实际金属晶体的每一个晶粒内部,其晶格位向也不像理想晶体那样完全一致,而是分隔成许多尺寸很小、位向差很小(只有几分,最多达一两度)的小晶块,它们相互嵌镶成一颗晶粒,这些小晶块称为亚晶粒。亚晶粒之间的界面称为亚晶界,亚晶界处的原子排列也是不规则的,如图 2-12 (b) 所示。

晶体中存在的结构缺陷,都会造成晶格畸变,直接影响到金属的力学性能,使金属的强度、硬度有所提高。

2.2　合金的晶体结构

2.2.1　合金的基本概念

纯金属因其强度、硬度较低,在使用上受到很大的限制。在工业生产中广泛使用的是合金。

合金是一种金属元素与其他金属元素或非金属元素通过熔炼或其他方法结合而成的具有金属特性的材料。组成合金的最基本的独立物质称为组元,简称元。例如普通黄铜就是由铜和锌两个组元组成的二元合金。组元可以是金属元素、非金属元素或稳定化合物。根据组元数目的多少,合金可分为二元合金、三元合金和多元合金。与组成合金的纯金属相比,合金除具有更好的力学性能外,还可以调整组成元素之间的比例,以获得一系列性能各异的合金,从而满足工业生产对不同性能的合金的要求。

在合金中成分、结构及性能相同的组成部分称为相,相与相之间具有明显的界面。数量、形态、大小和分布方式不同的各种相组成合金组织。

2.2.2 合金的结构

根据合金中各组元之间结合方式的不同，合金的组织可分为固溶体、金属化合物和混合物三类。

1. 固溶体

固溶体是一种组元的原子溶入另一组元的晶格中所形成的均匀固相。溶入的元素称为溶质，而基体元素称为溶剂。固溶体仍然保持溶剂的晶格类型。

根据溶质原子在溶剂晶格中所处位置的不同，固溶体可分为间隙固溶体和置换固溶体两类。

（1）间隙固溶体。溶质原子溶入溶剂晶格间隙之中而形成的固溶体，称为间隙固溶体。图 2-13（a）是间隙固溶体结构示意图。由于溶剂晶格的空隙尺寸很小，能够形成间隙固溶体的溶质原子，通常都是一些原子半径小于 0.1 nm 的非金属元素。例如碳、氮、硼等非金属元素溶入铁中形成的固溶体即属于这种类型。由于溶剂晶格的空隙有限，间隙固溶体能溶解的溶质原子数量也是有限的。

（2）置换固溶体。溶质原子置换了溶剂晶格结点上某些原子而形成的固溶体，称为置换固溶体。图 2-13（b）是置换固溶体结构示意图。

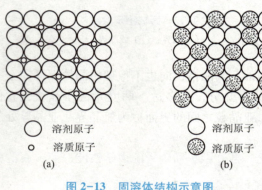

图 2-13 固溶体结构示意图
（a）间隙固溶体；（b）置换固溶体

根据溶质在溶剂中的溶解情况，置换固溶体可以分为无限固溶体和有限固溶体。若两组元能以任意比例相互溶解，则形成无限固溶体。反之，当溶质原子在溶剂中的溶解受到限制时，形成有限固溶体。

在置换固溶体中，一般来说，若两者晶格类型相同、电子结构相似、原子半径差别小、周期表中位置近，则溶解度大，甚至可以形成无限固溶体。反之，则溶解度小。有限固溶体的溶解度与温度有密切关系，一般说温度越高，溶解度越大。

在固溶体中由于溶质原子的溶入使溶剂晶格发生畸变，从而使合金对塑性变形的抗力增加。这种通过溶入溶质元素形成固溶体，使金属材料强度、硬度升高的现象，称为固溶强化。固溶强化是提高金属力学性能的重要途径之一，如图 2-14 所示。

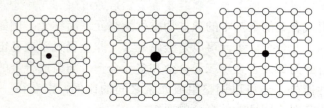

图 2-14 形成固溶体时的晶格畸变

2. 金属化合物

合金中的组元，按一定的原子数量之比相互化合而形成的具有金属特性的物质称为金属化合物。金属化合物的组成一般可用化学式来表示。金属化合物具有复杂的晶格类型，其晶格结构不同于任一组元。金属化合物熔点高、硬度高、脆性大。金属化合物通常能提高合金的硬度和耐磨性，但塑性和韧性会降低。金属化合物是许多合金的重要组成相。

3. 混合物

两种或两种以上的相按一定质量分数混合在一起而组成的物质称为混合物，混合物中的组成部分可以是纯金属、固溶体或化合物各自的混合，也可以是它们之间的混合。混合物中各相仍保持自己原来的晶格。混合物的性能取决于各组成相的性能，以及它们分布的形态、数量及大小。

知识拓展

天然的、外形规则的物体并不一定是晶体，规则外形只是内部结构规则的特殊反映形式之一，并不能完全代表其实质。自然界中有许多晶体往往具有规则的外形，如结晶盐、水晶、天然金刚石等。但是晶体的外形是否规则，与晶体的形成条件有关。

先导案例解决

普通玻璃是非晶体，原子呈无序堆积状况，没有固定熔点，表现为各向同性；水晶是晶体，原子呈有序、有规则排列，具有固定的熔点，其性能呈各向异性；

生产学习经验

1. 了解晶体与非晶体的本质区别，消除认为天然的、外形规则的物体是晶体的模糊概念。
2. 一般情况下，固体金属和合金都是晶体。
3. 金属晶体内部原子呈完全规则排列的是理想晶体，在自然界中几乎是不存在的。其内部都存在着一些难以避免的结构缺陷。

本章小结

了解金属与合金的内部组织结构，对于掌握金属材料性能，利用各种工艺手段改变金属材料性能具有非常重要的意义。本章重点是金属晶格的三种常见类型及合金的晶体结构。金属晶体的缺陷是本章的难点，这部分知识是今后学习晶粒大小对金属性能的影响的知识点，也是以后学习金属的塑性变形的必要基础知识。

想一想在我们的日常生活中有哪些晶体与非晶体。

1. 何谓晶体与非晶体?
2. 说明晶体具有各向异性的原因。
3. 金属晶格的常见类型有哪些?试绘出它们的晶胞示意图。
4. 金属晶体结构缺陷有哪几种?
5. 什么是合金?试举例说明。
6. 合金组织有哪几种类型?它们的晶格特点是什么?

第 3 章
纯金属与合金的结晶

【本章知识点】

1. 掌握纯金属的冷却曲线、过冷度的概念及纯金属的结晶过程。
2. 掌握二元合金相图及其建立过程,并能对二元合金相图进行分析。
3. 了解晶粒大小对金属力学性能的影响。

先导案例

雾凇俗称树挂，是北方冬季可以见到的一种类似霜降的自然现象，是一种冰雪美景。如图 3-1 所示，这是由于雾中无数摄氏零度以下而尚未结冰的雾滴随风在树枝等物体上不断积聚冻黏的结果，表现为白色不透明的粒状结构沉积物。因此雾凇现象在我国北方是很普遍的，在南方高山地区也很常见，只要雾中有过冷却水滴就可形成。纯金属的结晶与雾凇的形成有何异同呢？

图 3-1 雾凇

纯金属或合金由液态转变为固态的过程，也就是由原子排列不规则的液体转变为原子排列规则的晶体的过程称为结晶。了解纯金属及合金的结晶过程及变化规律，对于控制材料的内部组织和性能是十分重要的。

3.1 纯金属的结晶

3.1.1 纯金属的冷却曲线及过冷度

金属的结晶过程可以通过热分析法进行研究。即将纯金属加热熔化成液体，然后缓慢地冷却下来，在冷却过程中，每隔一定时间测量一次温度，记录下它的温度随时间变化的情况，描绘在温度-时间坐标图上，便获得纯金属的冷却曲线，如图 3-2 所示。

纯金属的结晶过程

由冷却曲线可知，金属液体随着冷却时间的延长，其热量不断向外散失，温度不断下降。当冷却到 a 点时，液体金属开始结晶。由于结晶过程中释放出来的结晶潜热补偿了散失在空气中的热量，故结晶时温度并不随时间的延长而下降，直到 b 点结晶终了时才继续下降。a~b 两点之间的水平线为结晶阶段，它所对应的温度就是纯金属的结晶温度。理论上金属冷却时的结晶温度与加热时的熔化温度是同一温度,即金属的理论结晶温度(T_0)。实际上液态金属总是冷却到理论结晶温度(T_0)以下才开始结晶,如图3-3所示。

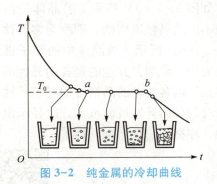

图 3-2 纯金属的冷却曲线

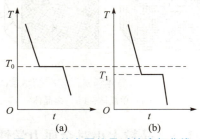

图 3-3 纯金属结晶时的冷却曲线
(a)理论结晶温度；(b)实际结晶温度

实际结晶温度(T_1)低于理论结晶温度(T_0)的现象称为"过冷现象"。理论结晶温度和实际结晶温度之差称为过冷度($\Delta T = T_0 - T_1$)。金属结晶时过冷度的大小与冷却速度有关。冷却速度越快,金属的实际结晶温度越低,过冷度也就越大。

3.1.2 纯金属的结晶过程

纯金属的结晶过程是晶核形成和长大的过程。液态金属的结晶是在一定过冷度的条件下,从液体中首先形成一些微小而稳定的小晶体,称为晶核。随着温度下降,晶核逐渐长大。在晶核长大的同时,液体中又不断产生新的晶核并不断长大,直到它们互相接触,液体完全消失为止。图3-4是金属的结晶过程示意图。

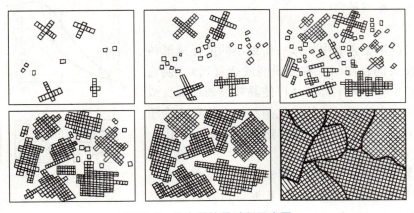

图 3-4 纯金属结晶过程示意图

结晶开始时,液体中某些部位的原子集团先后按一定的晶格类型排列成微小的晶核,以后晶核向着不同位向按树枝生长方式长大,当成长的枝晶与相邻晶体的枝晶互相接触时,晶体就向着尚未凝固的部位生长,直到枝晶间的金属液体全部凝固为止,形成了许多互相接触而外形不规则的晶粒。因此,一般金属是由许多外形不规则、位向不同的小晶体

柱状树枝晶生长录像

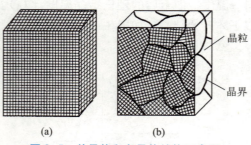

图 3-5　单晶体和多晶体结构示意图
（a）单晶体；（b）多晶体

（晶粒）所组成的多晶体。

结晶后只有一个晶粒的晶体称为单晶体，如图 3-5（a）所示。若晶体是由许多位向不同的晶粒组成的，则称为多晶体，如图 3-5（b）所示。单晶体中的原子排列位向是完全一致的，其性能是各向异性的。由于多晶体内各晶粒的晶格位向互不一致，它们自身的各向异性彼此抵消，故显示出各向同性，亦称为"伪各向同性"。

3.1.3　晶粒大小对金属力学性能的影响

金属的晶粒大小对金属的力学性能有重要的影响。实践证明，在室温下，金属材料晶粒越细，其强度和韧性越高。金属晶粒大小取决于结晶时的形核率（单位时间、单位体积内所形成的晶核数目）与晶核的长大速度。形核率越高，长大速度越慢，则结晶后的晶粒越细小。因此，可通过控制形核率及长大速度达到细化晶粒的目的。常用的细化晶粒方法有以下几种。

晶体大小与力学性能的关系及细化晶粒

1. 增加过冷度

金属的形核率 N 和长大速度 v 均随过冷度而发生变化。在很大范围内形核率比晶核长大速度增长更快，因此，增加过冷度能使晶粒细化，如图 3-6 所示。这种方法只适用于中、小型铸件。

2. 变质处理

在浇注前向液态金属中加入一些细小的能促进形核或抑制晶核长大的物质（又称变质剂或孕育剂），使它分散在金属液中作为人工晶核，可使晶粒显著增加，或者降低晶核的长大速度，这种细化晶粒的方法称为变质处理。如钢中加入硼、钛等均能起到细化晶粒的作用。

3. 振动处理

结晶时，对金属液加以机械振动、超声波振动和电磁振动等，使生长中的枝晶破碎、折断，可显著增加晶核数，达到细化晶粒的目的。

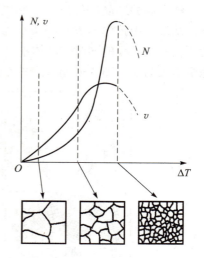

图 3-6　形核率和长大速度与过冷度的关系示意图

3.2 合金的结晶

合金的结晶过程及所得的组织比纯金属复杂得多。同一个合金系，因成分的变化，其组织也不同；另一方面，同一成分的合金组织随温度的不同而变化。因此，为了掌握合金的成分、组织与性能之间的关系，必须了解合金的结晶过程，了解合金中各组织的形成及变化的规律。相图就是研究这些问题的一种工具，它表示在平衡条件下，合金成分、温度和组织之间关系的简明图解。

3.2.1 二元合金相图的建立

由两个组元组成的合金称为二元合金。二元合金的合金状态与温度、成分间的关系可用二元合金相图表示。二元合金相图的纵坐标表示温度，横坐标表示合金的成分。二元合金相图的建立是通过实验方法建立起来的。目前测绘相图的方法很多，最常用的是热分析法。现以铜镍二元合金为例，说明测绘合金相图的方法及步骤。

（1）配制一系列不同成分的 Cu-Ni 二元合金，如表 3-1 所示。

表 3-1 Cu-Ni 二元（质量分数）

合金成分	1	2	3	4	5	6
$w(Cu)/\%$	100	80	60	40	20	0
$w(Ni)/\%$	0	20	40	60	80	100

（2）用热分析法测出上述合金的冷却曲线，如图 3-7（a）所示。从冷却曲线可看出，与纯金属不同的是合金有两个相变点，上相变点是结晶开始的温度，下相变点是结晶终了的温度。结晶放出潜热使结晶时的温度下降缓慢。所以合金的结晶是在一定温度范围内进行的，在冷却曲线上表现为两个转折点。

（3）将各个合金的相变点标注在温度-成分坐标图中，并将开始结晶的各相变点连起来成为液相线，将结晶终了的各相变点连起来成为固相线，即绘成了 Cu-Ni 合金相图，如图 3-7（b）所示。

3.2.2 铅锑二元合金相图分析

图 3-8 是铅锑二元合金相图。图中 A 点是铅的熔点（327 ℃）；B 点是锑的熔点（631 ℃）；C 点具有特殊含义：一定成分的液态合金($w(Sb)$ 11% + $w(Pb)$ 89%)，在某一恒温下（252 ℃），同时结晶出两种固相（Pb+Sb）的转变称为共晶转变。共晶转变的产物称为共晶体（Pb+Sb），C 点为共晶点。

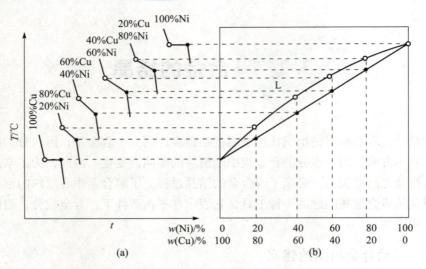

图 3-7 Cu-Ni 合金相图的绘制

图 3-8 中 ACB 线是合金液体开始结晶温度的连线,称为液相线。在此线以上的合金全部为液相。DCE 线是液态合金结晶终止温度的连线,称为固相线。在此线以下的合金全部为固相。液相线和固相线把相图分成几个区域,如图 3-8 所示。

下面分析典型 Pb-Sb 合金的结晶过程。图 3-8 中的合金 I(成分为 Sb11%+Pb89%),在 C 点以上,合金处于液体状态。当缓慢冷却到 C 点时,发生共晶转变,在恒温下从液相中同时结晶出 Pb 和 Sb 的共晶体。继续冷却,共晶体不再发生变化。这一合金称为共晶合金。它的转变过程如图 3-9 所示,并可用下式表示:

$$L_C \xrightleftharpoons{252\ ℃} (Pb+Sb)$$

合金成分在 C 点以左($w(Sb)<11\%$)的合金称为亚共晶合金,如图 3-8 中的合金 II。合金成分在 C 点以右($w(Sb)>11\%$)的合金称为过共晶合金,如图 3-8 中的合金 III。亚共晶和过共晶合金的结晶过程是:从液相线到共晶转变温度之间,亚共晶合金要先结晶出 Pb 晶体,过共晶合金要先结晶出 Sb 晶体,它们的室温组织分别为 Pb+(Pb+Sb) 和 Sb+(Pb+Sb)。合金 II、III 的冷却曲线和组织转变过程如图 3-10 和图 3-11 所示。

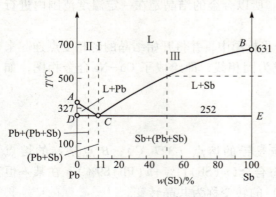

图 3-8 Pb-Sb 合金相图

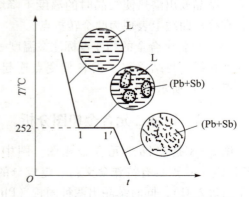

图 3-9 Pb-Sb 合金 I 的结晶过程示意图

冷却时发生共晶转变的二元合金称为共晶系合金,它们均形成共晶相图。除 Pb-Sb 合金外还有 Al-Si，Pb-Sn 合金等。

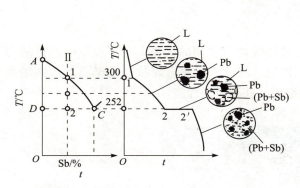

图 3-10　Pb-Sb 合金 Ⅱ 的结晶过程示意图

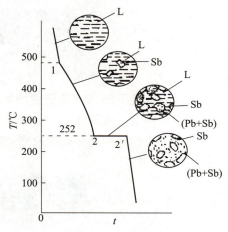

图 3-11　Pb-Sb 合金 Ⅲ 的结晶过程示意图

知识拓展

单晶体的制备方法如下。单晶体就是只有一个晶粒的晶体。硅单晶和锗单晶是制造电子元件的主要材料。对金属进行各种研究时也常要制备单晶体。现在广泛应用的 DVD 影碟、电脑光盘也离不开单晶体。制作单晶体的方法很多，基本原理就是使液体结晶时只形成一个晶核，再由这个晶核长成一整块单晶体。这个晶核可以是外来的，也可以是液体自身形成的。

先导案例解决

液态金属的结晶与雾凇的形成过程很相似。液态金属是在一定过冷度的条件下，从液体中首先形成一些微小而稳定的小晶体，称为晶核。以后晶核向着不同位向按树枝生长方式长大，当成长的枝晶与相邻晶体的枝晶互相接触时，晶体就向着尚未凝固的部位生长，直到枝晶间的金属液全部凝固为止，形成了许多互相接触而外形不规则的晶粒。

生产学习经验

1. 金属材料从液态结晶时所形成的组织与各种性能有密切的关系。
2. 了解金属从液态结晶为固态的规律，有助于我们利用这些规律改变金属的组织，获得所需性能。
3. 一般金属材料结晶后都是多晶体，它在各个方向都具有相同的性能。
4. 细晶粒组织的材料具有较高的综合力学性能，即其强度、硬度、塑性及韧性都比较好，所以生产上对控制金属材料的晶粒大小相当重视。

本章小结

金属材料从液态结晶时所形成的组织与各种性能有密切的关系。它不仅影响铸件的性能，还影响各种锻、轧件的工艺性能和使用性能。因此，了解金属从液态结晶为固态的规律，将有助于我们利用这些规律改变金属的组织，获得所需性能。

思考题

生产中细化晶粒的常用方法有哪些？

习题

1. 何谓金属的结晶？
2. 何谓过冷现象和过冷度？过冷度与冷却速度有何关系？
3. 纯金属的结晶是由哪两个基本过程组成的？
4. 何谓单晶体和多晶体？多晶体为什么具有"伪各向同性"？
5. 晶粒大小对金属的力学性能有何影响？
6. 简述二元合金相图的建立过程。

第4章

金属的塑性变形与再结晶

【本章知识点】

1. 掌握冷塑性变形和热塑性变形对金属性能的影响。
2. 了解金属塑性变形的基本原理。

先导案例

在深冲零件时,易产生制耳现象,使零件边缘不齐,厚薄不匀。为什么会产生这种现象呢?如图4-1所示。

金属材料经熔炼而得到的金属锭,如钢锭、铝合金锭或铜合金铸锭等,大多要经过轧制、冷拔、锻造、冲压等压力加工,如图4-2所示。金属材料经压力加工变形后,不仅改变了外形尺寸,而且改变了内部组织和性能。因此,研究金属的塑性变形原理,熟悉塑性变形对金属组织、性能的影响,对于正确选择金属材料的加工工艺、改善产品质量、合理使用材料等具有重要的意义。

图 4-1 轧制铝板的"制耳"现象

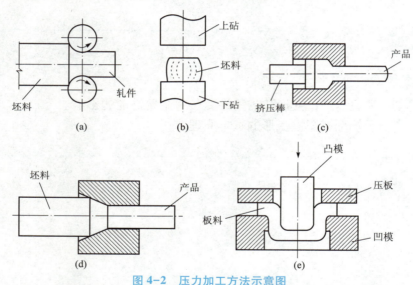

图 4-2 压力加工方法示意图

(a) 轧制;(b) 锻造;(c) 挤压;(d) 拉拔;(e) 冷冲压

4.1 金属的塑性变形

4.1.1 单晶体的塑性变形

单晶体受外力作用,当外力较小时,发生弹性变形,当外力超过一定数值后,发生塑性变形。**单晶体的塑性变形主要以滑移的方式进行**，即晶体的一部分沿着一定的晶面和晶向相对于另一部分发生滑动。晶体中能够发生滑移的晶面和晶向，称为滑移面和滑移方向。滑移面和滑移方向越多，金属的塑性越好。

实践证明，晶体的滑移并不是整个滑移面上的全部原子一起移动，因为那么多原子同时移动，需要克服的滑移阻力十分巨大。实际上滑移是借助位错的移动来实现的，如图 4-3 所示。在外力作用下，晶体中出现位错，如图 4-3（b）所示，位错的原子面受到前后两边原子的排斥，处于不稳定的平衡位置，只需加上很小的力就能打破力的平衡，使位错及其附近的原子面移动很小的距离，如图 4-3（c）、（d）所示。在切应力作用下，位错继续移动到晶体表面时，就形成了一个原子间距的滑移量，如图 4-3（e）所示。大量位错移出晶体表面，就产生了宏观的塑性变形。按上述理论求得位错的滑移阻力与实验值基本相符，证实了位错理论的正确。图 4-4 为锌单晶体滑移变形时的情况。

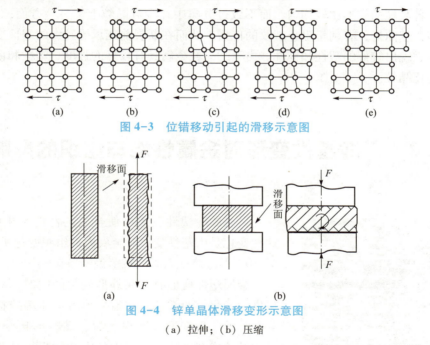

图 4-3 位错移动引起的滑移示意图

图 4-4 锌单晶体滑移变形示意图
（a）拉伸；（b）压缩

4.1.2 多晶体的塑性变形

多晶体是由许多形状、大小、位向各不相同的晶粒组成的。就其中的每个晶粒来说，其塑性变形的方式与单晶体相同。由于多晶体中有晶界存在，且每个晶粒的晶格位向不同，所以多晶体的塑性变形过程比单晶体复杂得多。多晶体的塑性变形主要具有下列一些特点：

1. 晶界的影响

图 4-5 所示是一个只包含两个晶粒的试样受拉伸时的变形情况。由图可见，试样在晶界附近不易发生变形，出现了所谓的"竹节"现

图 4-5 两个晶粒试样在拉伸时的变形
（a）变形前；（b）变形后

象。这是因为晶界处原子排列比较紊乱,阻碍了位错的移动,因而阻碍了滑移。**晶界越多,晶体的塑性变形抗力越大。**

2. 晶粒位向的影响

由于多晶体中各个晶粒的位向不同,在外力的作用下,有的晶粒处于有利于滑移的位置,有的晶粒处于不利于滑移的位置。当处于有利于滑移位置的晶粒要进行滑移时,必然受到周围位向不同的其他晶粒的约束,使滑移的阻力增加,从而提高了塑性变形的抗力。多晶体在塑性变形时受到周围位向不同的晶粒与晶界的影响,使多晶体的塑性变形呈逐步扩展和不均匀形式,使晶体产生内应力。

3. 晶粒大小的影响

晶体单位体积内晶粒的数目越多,晶界就越多,晶粒就越细,并且不同位向的晶粒也越多,因而塑性变形抗力也越大。晶粒越细,在同样变形条件下,变形量可分散在更多的晶粒内进行,使各晶粒的变形比较均匀,而不致过分集中在少数晶粒上。另一方面,晶粒越细,晶界就越多,越曲折,有利于阻止裂纹的传播,从而在断裂前能承受较大的塑性变形,吸收较多的功,表现出较好的塑性和韧性。由于细晶粒金属具有较好的强度、塑性和韧性,故应尽可能地细化晶粒。

4.2 冷塑性变形对金属性能与组织的影响

金属的冷塑性变形可使金属的性能发生明显变化,这种变化是由塑性变形时金属内部组织变化所决定的。

1. 形成纤维组织,性能趋于各向异性

图 4-6 冷塑性变形后的组织

金属塑性变形时,在外形变化的同时,晶粒的形状也发生变化。通常是晶粒沿变形方向压扁或拉长,如图 4-6 所示。当变形程度很大时,晶粒形状变化也很大,晶粒被拉成细条状,金属中的夹杂物也被拉长,形成纤维组织,使金属的力学性能具有明显的方向性。例如纵向(沿纤维组织方向)的强度和塑性比横向(垂直于纤维组织方向)高得多。

2. 产生冷变形强化

冷塑性变形除了使晶粒外形变化外,还会使晶粒内部的亚晶粒尺寸碎化,位错密度增加,晶格畸变加剧,因而增加了滑移阻力,这就是冷塑性变形对金属造成的形变强化,也称加工硬化的主要原因。即随塑性变形程度的增加,金属的强度、硬度提高,而塑性、韧性下降。形变强化在生产中具有很重要的意义。图 4-7 所示为纯铜和低碳钢的强度和塑性随变形程度增加而变化的情况。

形变强化可以提高金属的强度,是强化金属的重要手段,尤其对于那些不能用热处理强

化的金属材料显得更为重要。形变强化也是工件能用塑性变形方法成形的必要条件。例如在图 4-8 所示冷冲压过程中，由于 r 处变形最大，当金属在 r 处变形到一定程度后，首先产生形变强化，使随后的变形转移到其他部分，这样便可得到壁厚均匀的冲压件。此外，形变强化还可以使金属具有偶然的抗超载能力，一定程度上提高了构件在使用中的安全性。

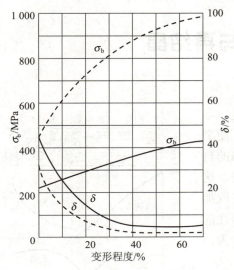

图 4-7　纯铜和低碳钢的冷轧变形度
对力学性能的影响

实线—冷轧的纯铜；虚线—冷轧的低碳钢

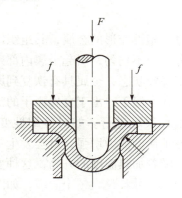

图 4-8　冲压示意图

形变强化也有不利的一面。由于材料塑性的降低，给金属材料进一步的冷塑性变形带来困难。为了使金属材料能继续变形加工，必须进行中间热处理，以消除形变强化。塑性变形除了影响力学性能外，还会使金属的某些物理、化学性能发生变化，如电阻增加、化学活性增大、耐蚀性降低等。

3. 形成形变织构（择优取向）

金属发生塑性变形，且变形很大时，原来位相不同的各个晶粒中某些晶面或晶向能够获得接近一致的位向，这种现象为择优取向，形成的有序化结构称为形变织构。形变织构会使金属性能呈现明显的各向异性，在许多情况下对金属后续加工或使用是不利的。例如，用有织构的板材冲制筒形零件时，由于不同方向上的塑性差别很大，使变形不均匀，导致零件边缘不齐，出现所谓"制耳"现象，如图 4-9 所示。形变织构很难消除。生产中为避免织构产生，常将零件的较大变形量分为几次变形来完成，并进行"中间退火"。

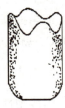

图 4-9　冲压件的制耳

4. 产生残留应力

残留应力是指去除外力后，残留在金属内部的应力。它主要是由于金属在外力作用下内部变形不均匀造成的。残留应力不仅会降低金属的强度、耐蚀性，而且还会因随后的应力松弛或重新分布引起金属变形。为消除和降低残留应力，通常要进行退火。生产中若能合理控制和利用残留应力，也可使其变为有利因素。如对零件进行喷丸、表面滚压处理等，使其表面产生一定的塑性变形而形成残留压应力，从而提高零件的疲劳强度。

4.3 回复与再结晶

经过冷塑性变形的金属，其组织结构发生变化，金属各部分变形不均匀，引起金属内部残留内应力，使金属处于不稳定状态，金属具有恢复到原来稳定状态的自发趋势。在常温下，由于金属原子的活动能力较弱，这种恢复过程很难进行。如对冷塑性变形的金属进行加热，使原子活动能力增强，就会发生一系列组织与性能的变化。随着加热温度的升高，这种变化过程可分为回复、再结晶及晶粒长大三个阶段，如图4-10所示。

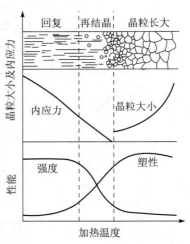

图4-10 加热温度对冷塑性变形金属组织和性能的影响

4.3.1 回复

当加热温度不太高时，原子活动能力有所增加，原子已能作短距离的运动，使晶格畸变程度大为减轻，从而使内应力有所降低，这个阶段称为回复。然而这时的原子活动能力还不是很强，所以金属的显微组织无明显变化，因此力学性能也无明显改变。

在工业生产中，为保持金属经冷塑性变形后的高强度，往往采取回复处理，以降低内应力，适当提高塑性。例如冷拔钢丝弹簧加热到250 ℃～300 ℃，青铜丝弹簧加热到120 ℃～150 ℃，就是进行回复处理，使弹簧的弹性增强，同时消除加工时带来的内应力。

4.3.2 再结晶

当冷塑性变形金属加热到较高温度时，由于原子活动能力增加，原子可以离开原来的位置重新排列，由畸变晶粒通过形核及晶核长大而形成新的无畸变的等轴晶粒的过程称为再结晶。再结晶过程首先是在晶粒碎化最严重的地方产生新晶粒的核心，然后晶核吞并旧晶粒而长大，直到旧晶粒完全被新晶粒代替为止。

再结晶后的晶粒内部晶格畸变消失，位错密度减小。金属的强度、硬度显著下降，塑性显著上升，使变形金属的组织和性能基本上恢复到变形前的状态。再结晶与重结晶相比，共同点是两者都经历了形核与长大两个阶段。区别是，再结晶前后晶粒的晶格类型不变，成分不变，而重结晶则发生了晶格类型的变化。

金属的再结晶是在一定的温度范围内进行的。能进行再结晶的最低温度称为再结晶温度。实验证明，再结晶温度与金属的变形程度及熔点有关。金属变形程度越大，再结晶温度越低。实际生产中可用再结晶来消除形变强化，如冷拔钢丝，经几次拉拔后，由于形变强化的作用，性能逐渐变脆，给进一步拉拔带来困难。中间退火就是利用再结晶原理，将经几次拉拔的钢丝，加热至再结晶温度以上，使之产生再结晶，消除形变强化和残余应力，使性能恢复，保证下一道拉拔工艺的进行。为保证质量和兼顾生产率，再结晶退火的温度一般比该金属的再结晶温度高 100 ℃～200 ℃。

4.3.3 晶粒长大

再结晶阶段结束时，得到的是无畸变的、等轴的、细小的再结晶晶粒。随着加热温度的升高或保温时间的延长，晶粒之间就会相互吞并而长大，导致晶粒粗大，力学性能变坏，应当避免。

4.4 金属的热塑性变形

4.4.1 热加工与冷加工的区别

金属的冷塑性变形加工和热塑性变形加工是以再结晶温度来划分的。凡在金属的再结晶温度以上进行的加工称为热加工，在再结晶温度以下进行的加工称为冷加工。例如钨的最低再结晶温度为 1 200 ℃，对钨来说，在低于 1 200 ℃ 的高温下加工仍属于冷加工；锡的最低再结晶温度约为 −7 ℃，在室温下进行的加工已属于热加工。热加工时，由于金属原子的结合力减小，而且形变强化过程随时被再结晶过程所消除，从而使金属的强度、硬度降低，塑性增强。因此热加工时塑性变形要比冷加工时容易得多。

4.4.2 热加工对金属组织和性能的影响

1. 改善铸锭组织

通过热加工，可使钢锭中的气孔大部分焊合，提高了金属的致密度，使金属的力学性能得到提高。

2. 细化晶粒

热加工的金属经过塑性变形和再结晶作用，一般可使晶粒细化，提高金属的力学性能。热加工金属的晶粒大小与变形程度和终止加工的温度有关。变形程度小，终止加工的温度高，会使再结晶晶核少而晶核长大快，加工后得到粗大晶粒。但终止加工温度过低，将造成形变强化及残余应力。因此，制订正确的热加工工艺规范对改善金属的性能有重要的意义。

热加工

3. 形成锻造流线

在热加工过程中，铸态组织中的夹杂物在高温下具有一定的塑性，它们会沿着变形方向伸长而形成锻造流线（又称纤维组织）。由于锻造流线的出现，使金属材料的性能在不同的方向上有明显的差异。通常沿流线的方向，其抗拉强度及韧性高，而抗剪强度较低。在垂直于流线方向上，抗剪强度高，而抗拉强度较低。采用正确的热加工工艺，可以使流线合理分布，保证金属材料的力学性能。图4-11给出了锻造曲轴、吊钩的流线分布，很明显，锻造曲轴、吊钩流线分布合理，因而其力学性能较好。

 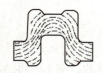  

(a)　　　　　　　　　　　　　　　　(b)

图4-11　吊钩、曲轴流线分布示意图

（a）锻造后；（b）锻造前

4. 形成带状组织

如果钢在铸态组织中存在比较严重的偏析，或热加工终锻（终轧）温度过低时，钢内会出现与热形变加工方向大致平行的条带所组成的偏析组织，这种组织称为带状组织。图4-12为高速钢中带状碳化物组织。带状组织的存在是一种缺陷，它会引起金属力学性能的各向异性。带状组织一般可用热处理方法加以消除。

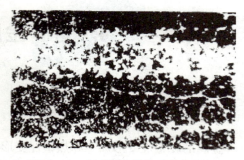

图4-12　高速钢中带状碳化物组织

知识拓展

晶体中每个滑移面和此面上的一个滑移方向构成一个滑移系。每一个滑移系表示金属晶体在产生滑移时，滑移运动可能采取的一个空间位向。在其他条件相同时，金属晶体中的滑移系越多，则滑移时可供采用的空间位向也越多，故该金属的塑性就越好。

先导案例解决

金属发生塑性变形时，当变形很大时，原来位相不同的各个晶粒中某些晶面或晶向能够获得接近一致的位向，这种现象为择优取向，形成的有序化结构称为形变织构。形变织构会使金属性能呈现明显的各向异性，用有织构的板材冲制筒形零件时，由于不同方向上的塑性差别很大，使变形不均匀，零件边缘不齐，导致轧制铝板的"制耳"现象。

生产学习经验

1. 冷塑性变形的金属经过再结晶后，一般都能得到细小均匀的等轴晶粒。加热温度过高或加热时间过长，晶粒会互相兼并长大，从而使金属的塑性和韧性降低，这是应该避免的。

2. 借助于塑性变形，不仅可以使金属材料形成一定的形状，还可以使金属材料硬度和强度提高，以达到节约材料和提高零件的承载能力的目的。

3. 加工硬化是工业上用以提高金属的强度、硬度和耐磨性的重要手段之一，它在工业生产中具有重要的实际意义。

4. 研究金属的塑性变形原理，熟悉塑性变形对金属组织、性能的影响，对于正确选择金属材料的加工工艺、改善产品质量、合理使用材料等具有重要的意义。

本章小结

冷塑性变形对金属性能的影响和回复与再结晶是本章的重点。滑移是晶体变形的主要方式，滑移过程是通过位错的移动来进行的。由于位错的移动牵涉到实际金属中的缺陷，在教学中具有一定的难度，所以塑性变形的原理是本章的难点。

思考题

铅的熔点为327 ℃，当铅加热到500 ℃及铅在室温下进行加工，试问它们各属于冷加工还是热加工？

习题

1. 生产中常见的压力加工方法有哪几种？
2. 何谓滑移面和滑移方向？滑移面和滑移方向的数量与塑性有何关系？
3. 单晶体塑性变形的最基本方式是什么？
4. 多晶体的塑性变形与单晶体的塑性变形有何异同？
5. 试述细晶粒金属具有较高的强度、塑性和韧性的原因。
6. 何谓形变强化？在生产中有何利弊？如何消除？
7. 何谓回复与再结晶？
8. 热加工对金属的组织与性能有何影响？

第 5 章
铁碳合金相图与碳素钢

【本章知识点】

1. 掌握纯铁的同素异构转变。
2. 掌握铁碳合金的基本组织的概念、符号及性能特点。
3. 掌握简化的 Fe-Fe$_3$C 相图中各主要特性点、线的含义以及典型铁碳合金的结晶过程。
4. 掌握含碳量对钢组织及性能的影响。
5. 了解 Fe-Fe$_3$C 相图的应用。
6. 掌握碳素钢的牌号、成分、性能和用途的一般知识。
7. 了解常存元素对钢性能的影响。

先导案例

1938年3月14日，比利时东北部的哈塞尔城正被-15℃的严寒包围着。突然，市中心横跨阿尔伯特运河的钢桥上，响起了震耳欲聋的轰隆声。一座建成不到两年的钢桥，竟然在顷刻之间折成三截，坠入河中。然而，时隔两年，还是在这条运河上，另一座钢铁大桥在严寒中遭到了同样的悲惨命运！是什么原因导致了钢桥的垮塌？如图5-1所示。

图5-1 比利时阿尔伯特运河钢桥1938年冬发生断裂坠入河中

纯金属虽然得到一定的应用，但它的强度、硬度一般都较低，冶炼困难，而且价格较高，因此使用上受到很大的限制。在工业生产中广泛使用的是合金。

钢和铸铁是工业生产中应用最广泛的金属材料。钢和铁的主要元素是铁和碳，故又称铁碳合金。不同成分的铁碳合金具有不同的组织和性能。要研究铁碳合金成分、组织和性能之间的关系，就必须研究铁碳合金相图。

5.1 铁碳合金的组织

5.1.1 纯铁的同素异构转变

大多数金属在结晶后晶格类型不变，但有些金属在固态下，存在着两种以上的晶格形式，这类金属在冷却或加热过程中，随着温度的变化，其晶格形式也要发生变化。金属在固态下，随温度的改变由一种晶格转变为另一种晶格的现象称为同素异构转变。具有同素异构转变的金属有铁、钴、钛、锡、锰等。以不同晶格形式存在的同一金属元素的晶体称为该金属的同素异晶体。

同素异晶转变

图 5-2 为纯铁的冷却曲线。由图可见，液态纯铁在 1 538 ℃进行结晶，得到具有体心立方晶格的 δ-Fe，继续冷却到 1 394 ℃时发生同素异构转变，δ-Fe 转变为面心立方晶格的 γ-Fe，再冷却到 912 ℃时又发生同素异构转变，γ-Fe 转变为体心立方晶格的 α-Fe，如再继续冷却到室温，晶格的类型不再发生变化。这些转变可以用下式表示：

$$\delta\text{-Fe} \underset{}{\overset{1\,394\,℃}{\rightleftharpoons}} \gamma\text{-Fe} \underset{}{\overset{912\,℃}{\rightleftharpoons}} \alpha\text{-Fe}$$

（体心立方晶格）　（面心立方晶格）　（体心立方晶格）

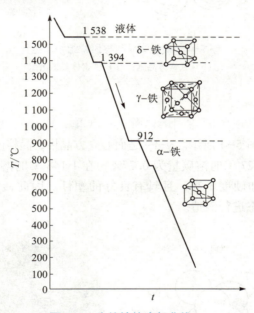

图 5-2　为纯铁的冷却曲线

金属同素异构转变时，转变过程也是一个形核和晶核长大的过程，放出和吸收潜热，有一定的转变温度，转变时有过冷现象，与液态金属的结晶过程有许多相似之处，故又称重结晶。另一方面，同素异构转变属于固态相变，又具有本身的特点。晶格的变化伴随着金属体积的变化，转变时会产生较大的内应力。例如 γ-Fe 转变为 α-Fe 时，铁的体积会膨胀约 1%，这是钢热处理时引起应力，导致工件变形和开裂的重要原因。

5.1.2　铁碳合金的基本相

在铁碳合金中，铁和碳是它的两个基本组元，碳可以与铁组成化合物，也可以形成固溶体，还可以形成混合物。在铁碳合金中有以下几种基本组织：

1. 铁素体

碳溶解在 α-Fe 中形成的间隙固溶体称为铁素体，用符号 F 来表示，其晶胞与显微组织示意图如图 5-3 所示。α-Fe 是体心立方晶格，晶格间隙较小，所以碳在 α-Fe 中的溶解度很低。727 ℃时，α-Fe 中的最大溶碳量仅为 0.021 8%。α-Fe 中的溶碳量随着温度的降低逐渐减小，在室温时碳的溶解度几乎等于零。由于铁素体的含碳量低，所以铁素体具有良好的塑性和韧性，强度和硬度较低，性能与纯铁相似。

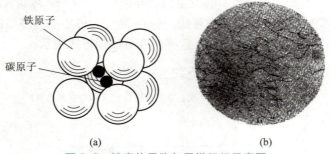

图 5-3 铁素体晶胞与显微组织示意图

(a) 铁素体晶胞；(b) 铁素体显微组织

2. 奥氏体

碳溶解在 γ-Fe 中形成的间隙固溶体称为奥氏体，用符号 A 来表示。奥氏体的晶胞示意图如图 5-4 所示。γ-Fe 是面心立方晶格，晶格间隙较大，故其溶碳能力较强。在 727 ℃时溶碳量为 0.77%，在 1 148 ℃时溶碳量可达 2.11%。奥氏体的强度和硬度不高，且具有良好的塑性。因此，生产中常将工件加热到奥氏体状态进行锻造。

奥氏体的形成过程

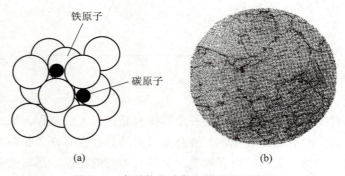

图 5-4 奥氏体晶胞与显微组织示意图

(a) 奥氏体晶胞；(b) 奥氏体显微组织

3. 渗碳体

渗碳体是含碳量为 6.69% 的铁与碳的金属化合物，其化学式为 Fe_3C。渗碳体具有复杂的斜方晶体结构，如图 5-5 所示。渗碳体的熔点为 1 227 ℃，硬度很高，塑性很差，伸长率和冲击韧度几乎为零，是一个硬而脆的组织。其形状、大小及分布对钢和铸铁的力学性能影响很大。渗碳体在适当条件下能分解为铁和石墨，对铸铁具有重要意义。

4. 珠光体

珠光体是铁素体和渗碳体的混合物，用符号 P 表示。它是渗碳体和铁素体片层相间、交替排列或渗碳体以颗粒状分布在铁素体基体上形成的混合物。珠光体的含碳量为 0.77%，图 5-6 是珠光体的显微组织。珠光体是由硬的渗碳体和软的铁素体组成的混合物，其力学性能取决于铁素体和渗碳体的性能。故珠光体强度较高，硬度适中，具有一定的塑性。

5. 莱氏体

莱氏体是含碳量为 4.3% 的液态铁碳合金，在 1 148 ℃ 时从液相中同时结晶出的奥氏体和渗碳体的混合物，用符号 L_d 表示。由于奥氏体在 727 ℃ 时还将转变为珠光体，所以在室温下的莱氏体由珠光体和渗碳体组成，这种混合物叫低温莱氏体，用符号 L_d' 来表示。莱氏体由于以渗碳体作基体，性能与渗碳体相似，硬度很高，塑性很差。

上述五种基本组织中，铁素体、奥氏体和渗碳体都是单相组织，称为铁碳合金的基本相；珠光体、莱氏体则是由基本相混合组成的多相组织。

珠光体转变过程

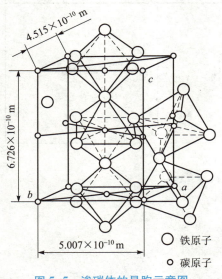

图 5-5　渗碳体的晶胞示意图

图 5-6　珠光体显微组织

5.2　铁碳合金相图

铁碳合金相图是表示在缓慢冷却或缓慢加热的条件下，不同成分的铁碳合金的状态或组织随温度变化的图形。铁碳合金相图是研究铁碳合金的重要工具。

工业用铁碳合金的含碳量一般不超过 5%，因为含碳量更高的铁碳合金，脆性很大，难以加工，没有实用价值。因此，我们研究的铁碳合金相图是在 Fe-Fe$_3$C（w(C) = 6.69%）范围内。为了便于分析和研究，图中左上角部分已简化，图中纵坐标为温度，横坐标为含碳量的质量分数。图 5-7 是简化后的 Fe-Fe$_3$C 相图。

铁碳相图建立

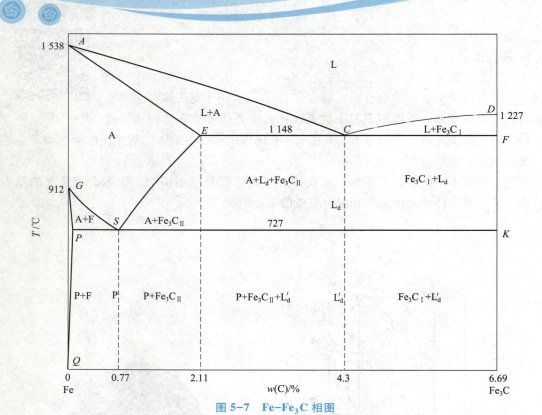

图 5-7 Fe-Fe₃C 相图

5.2.1 Fe-Fe₃C 相图分析

1. Fe-Fe₃C 相图中主要点、线的含义

（1）Fe-Fe₃C 相图中几个主要特性点的温度、含碳量及其物理含义如表 5-1 所示。

表 5-1 Fe-Fe₃C 相图的特性点

点的符号	温度/℃	含碳量/%	含 义
A	1 538	0	纯铁的熔点
C	1 148	4.3	共晶点，$L_{4.3\%} \xrightleftharpoons{1\,148\,℃} (A+Fe_3C)$
D	1 227	6.69	渗碳体的熔点
E	1 148	2.11	碳在 γ-Fe 中最大溶解度
G	912	0	纯铁的同素异构转变点，$\alpha\text{-Fe} \xrightleftharpoons{912\,℃} \gamma\text{-Fe}$
S	727	0.77	共析点 $A_{0.77\%} \xrightleftharpoons{727\,℃} (F+Fe_3C_{II})$

（2）在 Fe-Fe₃C 相图上，有若干合金状态的分界线，它们是不同成分合金具有相同含义的临界点的连线，称为 Fe-Fe₃C 相图的特性线。铁碳合金相图中主要特性线的含义见表 5-2。

表 5-2　Fe-Fe$_3$C 相图的特性线

特性线	名称	含义
ACD 线	液相线	此线以上区域全部为液相，用 L 来表示。金属液冷却到此线开始结晶，在 AC 线以下从液相中结晶出奥氏体，在 CD 线以下结晶出渗碳体
AECF 线	固相线	金属液冷却到此线全部结晶为固态，此线以下为固态区。液相线与固相线之间为金属液的结晶区域。这个区域内金属液与固相并存，AEC 区域内为金属液与奥氏体，CDF 区域内为金属液与渗碳体
GS 线	A_3 线	冷却时从奥氏体中析出铁素体的开始线（或加热时铁素体转变成奥氏体的终止线）
ES 线	A_{cm} 线	是碳在奥氏体中的溶解度线，在 1 148 ℃时，碳在奥氏体中的溶解度为 2.11%（即 E 点含碳量），在 727 ℃时降到 0.77%（相当于 S 点）。从 1 148 ℃缓慢冷却到 727 ℃的过程中，由于碳在奥氏体中的溶解度减小，多余的碳将以渗碳体的形式从奥氏体中析出。为了与自金属液中直接结晶出的渗碳体（称为一次渗碳体）相区别，将奥氏体中析出的渗碳体称为二次渗碳体（FeC$_\mathrm{II}$）
ECF 线	共晶线	当金属液冷却到此线时（1 148 ℃），将发生共晶转变，从金属液中同时结晶出奥氏体和渗碳体的混合物，即莱氏体
PSK 线	共析线（A_1 线）	当合金冷却到此线时（727 ℃），将发生共析转变，从奥氏体中同时析出铁素体和渗碳体的混合物，即珠光体（一定成分的固溶体，在某一恒温下，同时析出两种固相的转变称为共析转变）

5.2.2　铁碳合金的分类

根据含碳量、组织转变的特点及室温组织，铁碳合金可分为以下几类：

（1）钢。含碳量从 0.021 8%～2.11%的铁碳合金称为钢。根据其含碳量及室温组织的不同，又可分为：

亚共析钢　　0.021 8%<w(C)<0.77%

共析钢　　　w(C)=0.77%

过共析钢　　0.77%<w(C)<2.11%

（2）白口铸铁。含碳量为 2.11%～6.69%的铁碳合金称为白口铸铁。根据其含碳量及室温组织的不同，又可分为：

亚共晶白口铸铁　　2.11%≤w(C)<4.3%

共晶白口铸铁　　　w(C)=4.3%

过共晶白口铸铁　　4.3%<w(C)<6.69%

5.2.3　典型铁碳合金的结晶过程

1. 共析钢（含碳量为 0.77%）

图5-8中合金Ⅰ为含碳量0.77%的共析钢,其冷却曲线和结晶过程如图5-9所示。共析钢在1点以上处于液体状态,当缓冷到和AC线相交的1点时,从液相中开始结晶出奥氏体;冷却到2点时,液体全部结晶成奥氏体;在2~3点,组织不发生变化。当合金缓冷至3点时,奥氏体发生共析转变：

典型铁碳合金的
结晶过程分析

$$A_{0.77\%} \xrightleftharpoons{727\ ℃} (F + Fe_3C_{Ⅱ})$$

奥氏体中同时析出铁素体和渗碳体的混合物,即珠光体。共析反应在恒温下进行,温度继续下降,组织不再发生变化。共析钢在室温时的组织是珠光体。

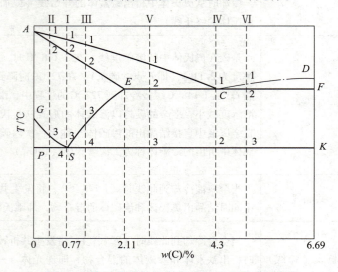

图5-8　典型铁碳合金在Fe-Fe₃C相图中的位置

2. 亚共析钢（含碳量 0.021 8%<w(C)<0.77%）

图5-8中合金Ⅱ是含碳量为0.45%的亚共析钢,其冷却曲线和结晶过程如图5-10所示。亚共析钢在1点以上处于液体状态。缓冷至1点时开始结晶出奥氏体,到2点结晶结束,2~3点为单相奥氏体组织。当冷却到3点时,奥氏体中开始析出铁素体,3~4点,奥氏体中不断析出铁素体。由于铁素体只能溶解很少量的碳,所以合金中大部分碳留在奥氏体中而使其含碳量增加。当温度降至与PSK线相交的4点时,奥氏体的含碳量达到0.77%,此时剩余奥氏体发生共析转变,转变成珠光体。4点以下至室温,合金组织不再发生变化。亚共析钢的室温组织由珠光体和铁素体组成。含碳量不同时,珠光体和铁素体的相对量也不同,含碳量越多,钢中的珠光体数量越多。亚共析钢（45钢）的室温显微组织如图5-11所示。

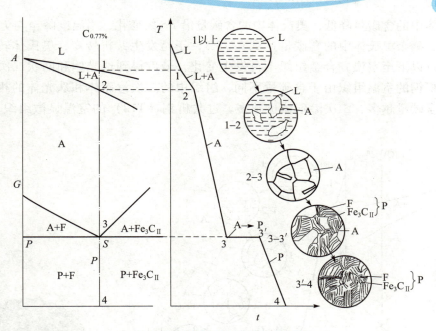

图 5-9　共析钢结晶过程示意图

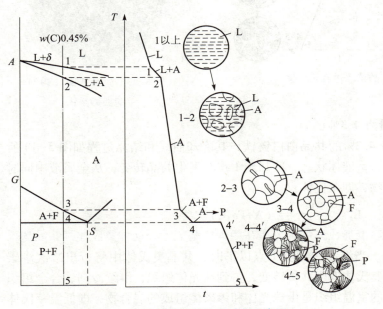

图 5-10　亚共析钢的结晶过程示意图

图 5-11　亚共析钢（45 钢）的显微组织

3. 过共析钢（含碳量 $0.77\% < w(C) < 2.11\%$）

图 5-8 中合金Ⅲ是含碳量为 1.2% 的过共析钢，其冷却曲线和结晶过程如图 5-12 所示。当合金冷却到与 ES 线相交的 3 点以前，结晶过程同亚共析钢。当冷却到 3 点时，奥氏体中的含碳量达到饱和，继续冷却，过剩的碳以渗碳体的形式从奥氏体中析出，称为二次渗碳体，它沿奥氏体晶界呈网状分布。继续冷却，析出的二次渗碳体的数量增多，

剩余奥氏体中的含碳量降低，奥氏体中的含碳量沿 ES 线变化，当温度降至与 PSK 线相交的 4 点时，剩余奥氏体中的含碳量达到 0.77%，于是发生共析转变，奥氏体转变成珠光体。从 4 点以下至室温，合金组织不再发生变化，最后得到珠光体和网状二次渗碳体组织。过共析钢的室温组织由于含碳量不同，组织中的二次渗碳体和珠光体的相对量也不同。钢中含碳量越多，二次渗碳体也越多。过共析钢（T12）的室温显微组织如图 5-13 所示。

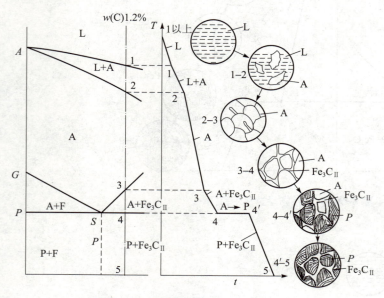

图 5-12 过共析钢的结晶过程示意图

图 5-13 过共析钢（T12）的显微组织

4. 共晶白口铸铁（含碳量为 4.3%）

图 5-8 中合金Ⅳ为含碳量 4.3% 的共晶白口铸铁，其冷却曲线和结晶过程如图 5-14 所示。共晶白口铸铁在 1 点以上，呈液体状态，冷却到 1 点时发生共晶转变，从金属液中同时结晶出奥氏体和渗碳体的混合物，即莱氏体：

$$L_{4.3} \xrightleftharpoons{1\,148\ ℃} (A+Fe_3C)$$

<u>莱氏体的形态是粒状或条状的奥氏体均匀分布在渗碳体基体上，这种奥氏体称共晶奥氏体，这种渗碳体称共晶渗碳体。</u>当继续冷却至 1 点以下时，共晶奥氏体中将析出二次渗碳体，当温度降至 2 点时，共晶奥氏体发生共析转变，得到珠光体组织，继续冷却，合金组织不再发生变化。共晶白口铸铁的室温组织是由珠光体和渗碳体组成的混合物，即低温莱氏体组织。图 5-15 为共晶白口铸铁的显微组织。

亚共晶和过共晶白口铸铁的结晶过程基本上和共晶白口铸铁相类似。不同的是共晶反应前，亚共晶白口铸铁先从金属液中结晶出奥氏体，过共晶白口铸铁先从金属液中结晶出一次渗碳体。图 5-16 和图 5-17 是亚共晶和过共晶白口铸铁的结晶过程。亚共晶白口铸铁的室温组织为珠光体+二次渗碳体+低温莱氏体（图 5-18），过共晶白口铸铁的室温组织是一次渗碳体+低温莱氏体（图 5-19）。

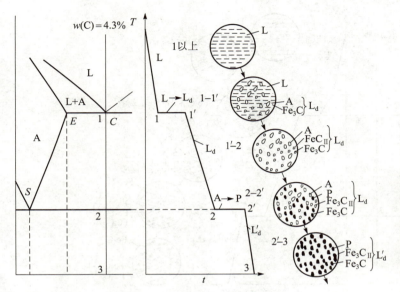

图 5-14 共晶白口铸铁结晶过程示意图

图 5-15 共晶白口铸铁显微组织

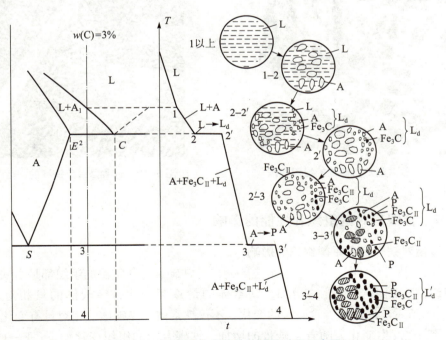

图 5-16 亚共晶白口铸铁的结晶过程示意图

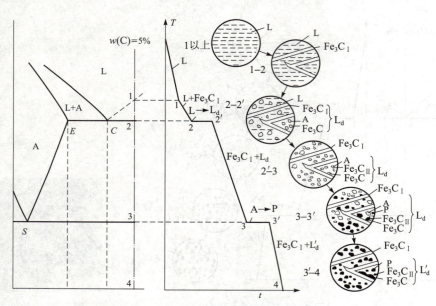

图 5-17 过共晶白口铸铁的结晶过程示意图

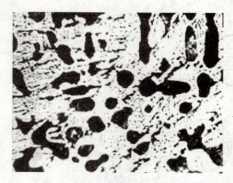

图 5-18 亚共晶白口铸铁的显微组织

图 5-19 过共晶白口铸铁的显微组织

5.2.4 含碳量对钢组织和性能的影响

1. 含碳量对铁碳合金平衡组织的影响

碳是决定钢铁材料组织和性能的最主要元素。铁碳合金在室温的组织都是由铁素体和渗碳体两相组成，随着含碳量的增加，铁素体的量逐渐减少，渗碳体的量相对增加，如图 5-20（a）所示。同时随着含碳量的变化，不仅铁素体和渗碳体的相对量有变化，而且相互组合的形态也发生变化。随着含碳量的增加，铁碳合金的组织变化如下：F→F+P→P→P+Fe_3C_{II}→P+Fe_3C_{II}+L'_d→L'_d→L'_d+Fe_3C_I，如图 5-20（b）所示。

2. 含碳量对钢力学性能的影响

铁碳合金组织的变化，必然引起力学性能的变化。图 5-21 为含碳量对正火后碳素钢的力学性能的影响。由图可知，含碳量越高，钢的强度和硬度越高，而塑性和韧性越低。这是由于含碳量越高，钢中的硬脆相 Fe_3C 越多的缘故。但当含碳量超过 0.9% 时，由于网状渗碳体的存在，使钢的强度降低。为了保证工业上使用的钢具有足够的强度，并具有一定的塑性和韧性，钢中的含碳量一般不超过 1.4%。

含碳量对碳钢力学性能的影响

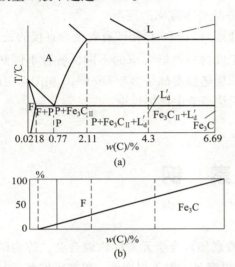

图 5-20 铁碳合金的成分-组织的对应关系

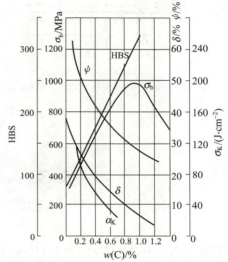

图 5-21 含碳量对钢的力学性能的影响

5.2.5 Fe-Fe₃C 相图的应用

Fe-Fe_3C 相图在生产实践中具有重大的意义，主要应用在钢材料的选用和热加工工艺的制订两方面。

1. 在选材方面的应用

铁碳合金相图所表明的成分、组织和性能的规律，为钢材料的选用提供了依据。如制造要求塑性、韧性好，而强度不太高的构件，应选用含碳量较低的钢；要求强度、塑性和韧性等综合性能较好的构件，则选用含碳量适中的钢；各种工具要求硬度高及耐磨性好，则应选用含碳量较高的钢。

铁碳合金的性能与成分、温度的关系

2. 在铸造生产方面的应用

根据 Fe-Fe_3C 相图可确定合金的浇注温度，靠近共晶成分的铁碳合金不仅熔点低，而且凝固温度区间也较小，故流动性好、分散缩孔少、偏析小，具有良好的铸造性能。这类合金适宜于铸造，在铸造生产中获得广泛的应用。

3. 在锻造、焊接方面的应用

奥氏体组织的强度低，塑性好，便于塑性变形加工。因此，钢材轧制或锻造的温度范围多选择在单一奥氏体组织范围内。其选择原则是开始轧制或锻造的温度不得过高，

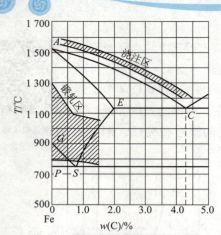

图 5-22 Fe-Fe₃C 相图与铸、锻工艺的关系

以免钢材氧化严重，甚至发生奥氏体晶界部分熔化，使工件报废。终止温度也不能过低，以免钢材塑性差，锻造过程中产生裂纹。各种碳素钢合适的轧制或锻造温度范围如图 5-22 所示。铁碳合金的焊接性与含碳量有关，含碳量越高，组织中渗碳体量增加，钢的脆性增加，塑性下降，钢的冷裂倾向增加，焊接性越差。

4. 在热处理方面的应用

热处理与 Fe-Fe₃C 相图有着更为直接的关系。根据对工件材料性能要求的不同，各种不同热处理方法的加热温度都是参考 Fe-Fe₃C 相图选定的，这将在后续章节中详细讨论。

5.3 碳 素 钢

含碳量大于 0.021 8% 小于 2.11%，且不含有特意加入合金元素的铁碳合金，称为碳素钢，简称碳钢。碳素钢冶炼方便，价格便宜，性能可满足一般工程构件、机械零件和工具的使用要求，因此得到广泛应用。

5.3.1 常存元素对钢性能的影响

碳素钢中除铁和碳两种元素外，还含有少量硅、锰、硫、磷等元素。

1. 锰的影响

钢中锰的含量一般为 0.25%～0.80%，锰主要来自炼钢脱氧剂。脱氧后残留在钢中的锰可溶于铁素体和渗碳体中，提高钢的强度和硬度。锰还能与硫形成 MnS，减轻硫对钢的危害，所以锰是钢中的有益元素。

2. 硅的影响

硅是炼钢后期以硅铁作脱氧剂进行脱氧反应后残留在钢中的元素。在碳素镇静钢中一般控制在 0.17%～0.37%。钢中的硅能溶于铁素体，可提高钢的强度和硬度，但由于其含量小，故其强化作用不大。硅是钢中的有益元素。

3. 硫的影响

硫是主要由生铁带入钢中的有害元素。在钢中硫与铁生成化合物 FeS。FeS 与 Fe 形成共晶体（Fe+FeS），其熔点仅为 985 ℃。当钢材加热到 1 000 ℃～1 200 ℃ 进行轧制或锻造时，沿晶界分布的 Fe+FeS 共晶体熔化，导致坯料开裂，这种现象称为热脆。钢中的硫含量一般不得超过 0.05%。钢中的锰能从 FeS 中夺走硫而形成 MnS。MnS 的熔点高（1 620 ℃），在钢材轧制时不熔化，能有效地避免钢的热脆性。

4. 磷的影响

磷也是由生铁带入的有害元素。磷部分溶解在铁素体中形成固溶体，部分在结晶时形成脆性很大的化合物（Fe_3P），使钢在室温下（一般为 100 ℃以下）的塑性和韧性急剧下降，这种现象称为冷脆。磷在结晶时还容易偏析，在局部地方发生冷脆。一般钢中含磷量限制在 0.04% 以下。

钢中的硫和磷是有害元素，应严格控制它们的含量。但在易切削钢中，适当地提高硫、磷的含量，以增加钢的脆性，有利于在切削时形成断裂切屑，从而提高切削效率和延长刀具寿命。

5.3.2 碳素钢的分类

1. 按钢的含碳量分类

(1) 低碳钢：$w(C) \leq 0.25\%$。
(2) 中碳钢：$w(C)$ 为 $0.25\% \sim 0.60\%$。
(3) 高碳钢：$w(C) \geq 0.60\%$。

2. 按钢的质量分类

按钢中有害元素硫、磷含量的多少划分：

(1) 普通碳素钢：$w(S) \leq 0.050\%$，$w(P) \leq 0.045\%$。
(2) 优质碳素钢：$w(S) \leq 0.035\%$，$w(P) \leq 0.035\%$。
(3) 高级优质碳素钢：$w(S) \leq 0.025\%$，$w(P) \leq 0.025\%$

3. 按钢的用途分类

(1) 碳素结构钢：用于制造各种机械零件和工程构件，其含碳量一般小于 0.70%。
(2) 碳素工具钢：用于制造各种刀具、模具和量具等，其含碳量一般大于 0.70%。

4. 按冶炼时脱氧程度的不同分类

(1) 沸腾钢：脱氧程度不完全的钢。
(2) 镇静钢：脱氧程度完全的钢。
(3) 半镇静钢：脱氧程度介于沸腾钢和镇静钢之间的钢。

5.3.3 碳素钢的牌号及用途

1. 碳素结构钢

碳素结构钢的杂质和非金属夹杂物较多，但冶炼容易，工艺性好，价格便宜，产量大，在性能上能满足一般工程结构及普通零件的要求，因而应用普遍。碳素结构钢通常轧制成钢板和各种型材（圆钢、方钢、扁钢、角钢、槽钢等），用于厂房、桥梁等建筑结构或一些受力不大的机械零件（如铆钉、螺钉等）。

碳素结构钢的牌号由代表屈服点的汉语拼音字母"Q"、屈服点数值、质量等级符号和脱氧方法符号四个部分按顺序组成。其中质量等级分 A，B，C，D 四种，A 级的硫、磷含量最多，D 级的硫、磷含量最少。脱氧方法符号用 F，b，Z，TZ 表示：F 是沸腾钢，b 是半镇静钢，Z 是镇静钢，TZ 是特殊镇静钢。Z 与 TZ 符号在钢号组成表示方法中予以省略。

例如 Q215-A·F，为屈服点为 215 MPa 的 A 级沸腾钢。碳素结构钢的牌号、化学成分和力学性能如表 5-3 所示。

表 5-3 碳素结构钢的牌号、化学成分和力学性能

牌号	等级	w/%					脱氧方法	力学性能		
		w(C)	w(Mn)	w(Si)	w(S)	w(P)		σ_b/MPa	δ_5/%	σ_s/MPa
					不大于					
Q195		0.06~0.12	0.25~0.50	0.30	0.050	0.045	F、b、Z	315~390	33	195
Q215	A	0.090~0.15	0.25~0.55	0.30	0.050	0.045	F、b、Z	335~450	31	215
	B				0.045					
Q235	A	0.14~0.22	0.30~0.65	0.30	0.050	0.045	F、b、Z	375~460	26	235
	B	0.12~0.20	0.30~0.70		0.045					
	C	≤0.18	0.35~0.80	0.30	0.040	0.040	Z			
	D	≤0.17			0.035	0.035	TZ			
Q255	A	0.18~0.28	0.40~0.70	0.30	0.050	0.045	Z	410~550	24	255
	B				0.045					
Q275		0.28~0.38	0.50~0.80	0.35	0.050	0.045	Z	490~630	20	275

2. 优质碳素结构钢

优质碳素结构钢中所含硫、磷及非金属夹杂物量较少,常用来制造重要的机械零件,使用前一般都要经过热处理来改善力学性能。

优质碳素结构钢的牌号用两位数字表示,这两位数字表示钢的平均含碳量的万分数。例如 40 表示平均含碳量为 0.40% 的优质碳素结构钢。

根据钢中含锰量的不同,优质碳素结构钢分为普通含锰量钢(w(Mn)= 0.35%~0.80%)和较高含锰量钢(w(Mn)= 0.7%~1.2%)两组。较高含锰量钢在牌号后面标出元素符号"Mn"。例如 65Mn 钢表示平均含碳量为 0.65%,并含有较多锰的优质碳素结构钢。

若是沸腾钢或为了适应各种专门用途的专用钢,应在牌号后面标出相应的符号。例如 08F 表示平均含碳量为 0.08% 的优质碳素结构钢,沸腾钢;20g 表示平均含碳量为 0.20% 的优质碳素结构钢,锅炉用钢。

08~25 钢属低碳钢。这类钢的强度、硬度较低,塑性、韧性及焊接性良好。主要用于制作冲压件、焊接结构件及强度要求不高的机械零件及渗碳件,如压力容器、小轴、法兰盘、螺钉等。

30~55 钢属中碳钢。这类钢具有较高的强度和硬度,切削性能良好,经调质处理后,能获得较好的综合力学性能。主要用来制作受力较大的机械零件,如曲轴、连杆、齿轮等。

60 钢以上的牌号属高碳钢。这类钢具有较高的强度、硬度和弹性,焊接性不好,切削性稍差,冷变形塑性差。主要用来制造具有较高强度、耐磨性和弹性的零件,如板簧和螺旋弹簧等弹性元件及耐磨零件。

优质碳素结构钢的牌号、化学成分和力学性能见表 5-4。

表 5-4 优质碳素结构钢的牌号、化学成分和力学性能

牌号	w/%			力学性能					HBS	
				σ_s /MPa	σ_b /MPa	δ_5 /%	ψ /%	α_k /(g·cm^{-2})	热轧钢	退火钢
	w(C)	w(Si)	w(Mn)	不小于					不大于	
08F	0.05~0.11	≤0.03	0.25~0.50	175	295	35	60	—	131	—
08	0.05~0.12	0.17~0.37	0.35~0.65	195	325	33	60	—	131	—
10F	0.07~0.14	≤0.07	0.25~0.50	185	315	33	55	—	137	—
10	0.07~0.14	0.17~0.37	0.35~0.65	205	335	31	55	—	137	—
15F	0.12~0.19	-0.07	0.25~0.50	205	355	29	55	—	143	—
15	0.12~0.19	0.17~0.37	0.35~0.65	225	375	27	55	—	143	—
20	0.17~0.24	0.17~0.37	0.35~0.65	245	410	25	55	—	156	—
25	0.22~0.30	0.17~0.37	0.50~0.80	275	450	23	50	88.3	170	—
30	0.27~0.35	0.17~0.37	0.50~0.80	295	490	21	50	78.5	179	—
35	0.32~0.40	0.17~0.37	0.50~0.80	315	530	20	45	68.7	187	—
40	0.37~0.45	0.17~0.37	0.50~0.80	335	570	19	45	58.8	217	187
45	0.42~0.50	0.17~0.37	0.50~0.80	355	600	16	40	49	241	197
50	0.47~0.55	0.17~0.35	0.50~0.80	375	630	14	40	39.2	241	207
55	0.52~0.60	0.17~0.37	0.50~0.85	380	645	13	35	—	255	217
60	0.57~0.65	0.17~0.37	0.50~0.80	400	675	12	35	—	255	229
65	0.62~0.70	0.17~0.37	0.50~0.80	410	695	10	30	—	255	229
70	0.67~0.75	0.17~0.37	0.50~0.80	20	715	9	30	—	269	229
75	0.72~0.80	0.17~0.37	0.50~0.80	880	1 080	7	30	—	285	241
80	0.77~0.85	0.17~0.37	0.50~0.80	930	1 080	6	30	—	285	241
85	0.82~0.90	0.17~0.37	0.50~0.80	980	1 130	6	30	—	302	255
15Mn	0.12~0.19	0.17~0.37	0.70~1.00	245	410	26	55	—	163	—
20Mn	0.17~0.24	0.17~0.37	0.70~1.00	275	450	24	50	—	197	—
25Mn	0.22~0.30	0.17~0.37	0.70~1.00	295	490	22	50	88.3	207	—
30Mn	0.27~0.35	0.17~0.37	0.70~1.00	315	540	20	45	78.5	217	187
35Mn	0.32~0.40	0.17~0.37	0.70~1.00	335	560	19	45	68.7	229	197
40Mn	0.37~0.45	0.17~0.37	0.70~1.00	355	590	17	45	58.8	229	207
45Mn	0.42~0.50	0.17~0.37	0.70~1.00	375	620	15	40	49	241	217
50Mn	0.48~0.56	0.17~0.37	0.70~1.00	390	645	13	40	39.2	255	217
60Mn	0.57~0.65	0.17~0.37	0.70~1.00	410	695	11	35	—	269	229
65Mn	0.62~0.70	0.17~0.37	0.90~1.20	430	735	9	30	—	285	229
70Mn	0.67~0.75	0.17~0.37	0.90~1.20	450	785	8	30	—	285	229

3. 碳素工具钢

碳素工具钢都是高碳钢，都是优质钢或高级优质钢。主要用于制造刀具、模具和量具。由于大多数工具都要求高硬度和高耐磨性，故碳素工具钢含碳量均在 0.70% 以上。

碳素工具钢的牌号以"碳"的汉语拼音字母字头"T"及阿拉伯数字表示。其数字表示钢中平均含碳量的千分数，若为高级优质碳素工具钢，则在牌号后面标以字母 A。例如 T12 表示平均含碳量为 1.2% 的碳素工具钢；T10A 表示平均含碳量为 1.0% 的高级优质碳素工具钢。

各种牌号的碳素工具钢经淬火后的硬度相差不大，但随着含碳量的增加，未溶的二次渗碳体增多，钢的耐磨性增加，韧性有所降低。

碳素工具钢的牌号、化学成分、力学性能和用途如表 5-5 所示。

表 5-5 碳素工具钢的牌号、化学成分和力学性能

牌号	w/%					热处理	
	w(C)	w(Mn)	w(Si)	w(S)	w(P)	淬火温度/℃	HRC（不小于）
T7	0.65~0.74	≤0.40	≤0.35	≤0.03	≤0.035	800~820 水淬	62
T8	0.75~0.84						
T8Mn	0.80~0.90	0.40-0.60				780~800 水淬	
T9	0.85~0.94						
T10	0.95~1.04						
T11	1.05~1.14	≤0.40				760~780 水淬	
T12	1.15~1.24						
T13	1.25~1.35						

4. 铸造碳钢

铸造碳钢用于制造形状复杂、力学性能要求较高的机械零件。铸造碳钢广泛用于制造重型机械的某些零件，如轧钢机机架、水压机横梁、锻锤和砧座等。这些零件形状复杂，很难用锻造或机械加工的方法制造，又由于力学性能要求较高，也不能用铸铁来铸造。铸造碳钢的含碳量一般在 0.20%~0.60%，若含碳量过高，则塑性变差，铸造时易产生裂纹。

铸造碳钢的牌号是用"铸钢"两汉字的汉语拼音字母字头"ZG"及后面两组数字组成：第一组数字代表屈服点，第二组数字代表抗拉强度值。如 ZG230-450 表示屈服点为 230 MPa，抗拉强度为 450 MPa 的铸造碳钢。

铸造碳钢的牌号、化学成分和力学性能如表 5-6 所示。

第5章 铁碳合金相图与碳素钢

表5-6 铸造碳钢的牌号、化学成分和力学性能

牌号	w/%					室温下力学性能				
	$w(C)$	$w(Si)$	$w(Mn)$	$w(P)$	$w(S)$	σ_s 或 $\sigma_{0.2}$/MPa	σ_b/MPa	δ/%	ψ/%	$\alpha_k/(J\cdot cm^{-2})$
	不大于					不小于				
ZG200-400	0.20	0.50	0.80	0.04	200	400	25	40	60	
ZG230-450	0.30	0.50	0.90	0.04	230	450	22	32	45	
ZG270-500	0.40	0.50	0.90	0.04	270	500	18	25	35	
ZG310-570	0.50	0.60	0.90	0.04	310	570	15	21	30	
ZG340-640	0.60	0.60	0.90	0.04	340	640	12	18	20	

注：适用于壁厚10 mm以下的铸件。

知识拓展

鉴别钢的化学成分的方法很多，各种方法都有其本身的特点。在要求不太严格的情况下，可利用简单的火花鉴别法。火花鉴别法简便易行，火花特征不受热处理工艺的影响，是一种具有实用价值的现场快速鉴别方法，在工厂中得到了广泛应用。

先导案例解决

磷是由生铁带入的有害元素。磷部分溶解在铁素体中形成固溶体，部分在结晶时形成脆性很大的化合物（Fe_3P），使钢在室温下（一般为100 ℃以下）的塑性和韧性急剧下降，这种现象称为冷脆。磷在结晶时还容易偏析，在局部地方发生冷脆。比利时阿尔伯特运河钢桥就是因含磷成分比例高，产生冷脆性于1938年冬发生断裂坠入河中。

生产学习经验

1. 铁碳合金相图不但是选择钢铁材料的重要工具，而且还可作为制订铸、锻、焊及热处理等热加工工艺的依据，应在学习中加以重视。
2. 硫的存在对钢的影响，主要是产生热脆性。
3. 磷的存在对钢的影响，主要是产生冷脆性。
4. 碳素钢是现代工业中应用最广泛的金属材料。学习中必须了解其分类、牌号、成分、性能及用途，在生产上才能合理选择、正确使用各种碳素钢。

本章小结

铁碳合金相图总结了铁碳合金的组织和性能随成分、温度变化的规律,这对生产实践有很重要的意义。它不但是选择钢铁材料的重要工具,还可作为制订铸、锻、焊及热处理等热加工工艺的依据。铁碳合金相图是本章的重点,铁碳合金相图的分析及铁碳合金冷却结晶过程的分析是本章的难点。碳素钢是现代工业中应用最广泛的金属材料。了解了碳素钢的分类、牌号、成分、性能及用途,以及碳素钢中存在的杂质对钢性能的影响,在生产中才能合理选择、正确使用各种碳素钢。

思考题

制造錾子、手工锯条、锉刀等工具时,应选用哪种钢材?

习题

1. 何谓合金?试举例说明。
2. 合金组织有哪几种类型?它们的晶格特点是什么?
3. 何谓铁素体、奥氏体、渗碳体、珠光体及莱氏体?它们各用什么符号表示?它们的性能特点是什么?
4. 何谓铁碳合金相图?试绘制简化后的 $Fe-Fe_3C$ 相图,说明各主要特性点和线的含义。
5. 何谓共析转变?何谓共晶转变?写出铁碳合金的共析转变式与共晶转变式。
6. 根据含碳量和室温组织的不同,钢分为哪几类?试述它们的含碳量和室温组织。
7. 白口铸铁分为哪几类?试述它们的含碳量范围和室温组织。
8. 试分析含碳量为 1.0% 的钢从液态冷却到室温的组织转变过程。
9. 随着含碳量的增加,钢的组织和性能有什么变化?
10. 硅、锰、硫、磷对碳素钢的力学性能有哪些影响?
11. 为什么易切削钢中硫、磷含量比一般碳素钢高?
12. 低碳钢、中碳钢和高碳钢是怎样划分的?
13. 说明下列牌号属于哪类钢,并说明其符号及数字的含义。
    Q235—A 20 65Mn T8 T12A 45 08F ZG270-500

第 6 章
钢的热处理

【本章知识点】

1. 了解钢在加热和冷却时的组织转变。
2. 掌握钢的退火、正火、淬火、回火及表面热处理的方法和主要目的。

先导案例

二轴是汽车变速箱中传递扭矩的重要零件之一。但在一段时间里，某厂出厂的二轴在使用过程中接连发生多起断轴事故。二轴采用20CrMo钢制造，主要工艺流程如下，下料-锻造-正火-机加工-渗碳淬火-回火-校直。技术要求为渗碳层深度0.7～1.1 mm，表面硬度58～64 HRC，心部硬度26～42 HRC。理化检验宏观检验失效二轴的断裂情况基本相同，断裂位置均在轴端花键处，断面总体上与轴向垂直。断面上花键各键槽根部较光滑，裂纹由此起裂，并在其扩展前沿留下了较明显的弧线。

6.1 概述

将固态金属或合金采用适当的方式进行加热、保温和冷却，以获得所需要的组织结构与性能的工艺，称为热处理。

热处理工艺在机械制造业中应用极为广泛。热处理能改善零件的使用性能，充分发挥材料的潜力，延长零件的使用寿命。此外，热处理还可改善工件的加工工艺性能，提高加工质量，减少刀具磨损。因此，热处理在机械制造业中占有十分重要的地位。

钢的热处理方法可分为退火、正火、淬火、回火及表面热处理等。

热处理的作用和地位

钢的热处理方法虽然很多，但任何一种热处理工艺都由加热、保温、冷却三个阶段组成。热处理工艺过程可用"温度-时间"坐标系中曲线表示，如图6-1所示。此曲线称为热处理工艺曲线。

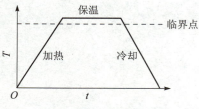

热处理的加热和冷却设备

图6-1 热处理工艺曲线

热处理能使钢的性能发生变化，其根本原因是由于铁的同素异构转变，从而使钢在加热和冷却过程中内部发生组织与结构的变化。因此要正确掌握热处理工艺，就必须首先了解在不同的加热及冷却条件下，钢的组织变化的规律。

6.2 钢在加热时的转变

6.2.1 钢在加热时的组织转变

由铁碳合金相图可知,碳素钢在极其缓慢的加热和冷却过程中,其固态组织转变的临界温度可由 A_1 线（PSK 线）、A_3 线（GS 线）和 A_{cm} 线（ES 线）来确定。在实际热处理过程中,无论是加热还是冷却,都是在较快的速度下进行的,而钢的组织转变总有滞后现象,在加热时要高于、在冷却时要低于相图上的临界点。通常我们把实际加热时发生相变的临界点用 A_{c1}、A_{c3}、A_{ccm} 表示,而冷却时的临界点用 A_{r1}、A_{r3}、A_{rcm} 表示,如图 6-2 所示。

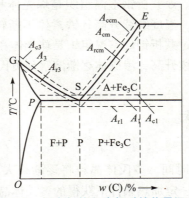

奥氏体的形成过程

图 6-2 钢在加热和冷却时的临界温度

现以共析钢为例,说明加热时组织转变的情况。在实际加热条件下,当温度达到 A_{c1} 以上时,珠光体将转变为奥氏体。奥氏体的形成是通过形核与晶核长大过程来实现的,其基本过程如图 6-3 所示。

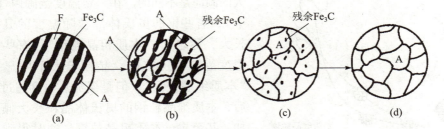

图 6-3 共析钢奥氏体形成过程示意图
(a) A 晶核形成；(b) A 晶核长大；(c) 残余 Fe_3C 溶解；(d) A 均匀化

1. 奥氏体晶核形成与长大

奥氏体晶核首先在铁素体和渗碳体相界面处形成。晶核生成后,与奥氏体相邻的铁素体中的铁原子通过扩散运动转移到奥氏体晶核上来，使奥氏体晶核长大。同时与奥氏体相邻的渗碳体通过分解不断地溶入生成的奥氏体中，也使奥氏体逐渐长大，直至珠光体全部消失为止。

2. 残余渗碳体溶解

在奥氏体形成过程中，奥氏体晶核的长大，包括铁素体向奥氏体转变和渗碳体向奥氏体中溶解两个基本过程。铁素体首先消失，铁素体消失后仍有部分渗碳体尚未溶解。随着时间的延长，这些渗碳体不断向奥氏体中溶解，直至全部消失。

3. 奥氏体成分的均匀化

刚形成的奥氏体，其中的碳浓度是不均匀的，在原渗碳体处含碳量较高，原铁素体处含碳量较低。只有在继续保温过程中，通过碳原子的进一步扩散，才能使奥氏体中的含碳量趋于均匀，形成成分较为均匀的奥氏体，以便冷却后得到良好的组织与性能。

通过以上分析可知，零件加热后进行适当的保温是很有必要的，通过碳原子进一步的扩散，使零件在保温过程中能彻底完成相变得到成分较为均匀的奥氏体组织。亚共析钢和过共析钢的奥氏体化过程与此相似。亚共析钢室温组织是珠光体和铁素体，当加热到 A_{c1} 时，其组织中的珠光体转变为奥氏体，温度继续升高，铁素体不断转变为奥氏体，达到 A_{c3} 时才全部转变为单一的奥氏体组织。过共析钢的室温组织是珠光体和二次渗碳体，当加热到 A_{c1} 时，珠光体转变为奥氏体，温度继续升高，渗碳体逐渐溶解到奥氏体中，直至 A_{ccm} 线时，才全部转变为单相奥氏体组织。

6.2.2 奥氏体晶粒长大

珠光体刚转变成奥氏体时，其晶粒是细小的，这时的晶粒大小称为起始晶粒度。如果继续升高加热温度或者延长保温时间，奥氏体晶粒将逐渐长大。加热温度越高，保温时间越长，奥氏体晶粒越粗大。钢在一定加热条件下获得的奥氏体晶粒称为奥氏体的实际晶粒。奥氏体晶粒越细小，冷却后产物组织的晶粒也越细。对于同一成分和组织的钢来说，组织越细密，强度、塑性、冲击韧性越高。因此，在多数情况下，必须严格控制加热温度和保温时间，以免引起奥氏体晶粒过大。

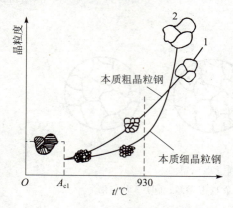

图 6-4 奥氏体晶粒长大倾向示意图

加热时，对不同成分的钢来说，奥氏体晶粒长大的倾向是不同的。在一定温度范围内（930 ℃以下），有些钢的奥氏体晶粒随温度的升高很容易长大，称之为"本质粗晶粒钢"；有些钢在这个温度范围内加热时，晶粒长大不明显，称之为"本质细晶粒钢"。但是当加热温度超过 930 ℃以后，本质细晶粒钢的奥氏体晶粒长大倾向明显增加，甚至超过本质粗晶粒钢，这时得到的奥氏体实际晶粒度比本质粗晶粒钢要粗大，如图 6-4 所示。

钢的本质晶粒度的粗细，主要取决于钢的化学成分和冶炼方法。工业生产中，一般经铝脱氧的钢，大多是本质细晶粒钢，仅用硅、锰脱氧的钢为本质粗晶粒钢。若钢中含有某些可形成难溶于奥氏体的细小化合物的合金元素时，也可使奥氏体晶粒细化。难溶化合物分布在奥氏体晶界上，阻止奥氏体的长大。

在一般情况下，各种热处理的加热温度都在 930 ℃ 以下，故钢的本质晶粒度在热处理生产中有着重要的意义。为保证加热时获得均匀细小的奥氏体晶粒，需要经过热处理的工件一般都采用本质细晶粒钢。对本质粗晶粒钢进行热处理时，需要更加严格地控制加热温度。

6.3 钢在冷却时的转变

钢件奥氏体化的目的是为随后的冷却转变做准备。同一种钢，同样的奥氏体化条件，冷却速度不同，所获得的组织结构就不相同，其力学性能差别也很大，如表 6-1 所示。

表 6-1　45 钢不同方式冷却的力学性能（加热温度 840 ℃）

冷却方式	力学性能				
	σ_b/MPa	σ_s/MPa	δ/%	ψ/%	HRC
炉冷	530	280	32.5	49.3	15～18
空冷	670～720	340	15～18	45～50	18～24
水冷	1100	720	7～8	12～14	52～60

生产中常用的冷却方式有两种，一种是等温冷却，即将奥氏体化后的钢件迅速冷却到临界点（A_{r1} 或 A_{r3}）以下某个温度并在此温度保温，在保温过程中完成组织转变，如图 6-5 曲线 1 所示。另一种是连续冷却转变，即将奥氏体化后的钢件以某种冷却速度连续地冷却至室温，在连续冷却的过程中完成组织转变，如图 6-5 曲线 2 所示。

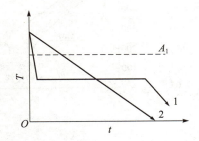

图 6-5　等温冷却曲线与连续冷却曲线
1—等温冷却曲线；2—连续冷却曲线

研究奥氏体在冷却时的组织转变，也需按两种冷却方式来进行。在等温冷却条件下研究奥氏体的转变过程，绘出等温冷却转变曲线图；在连续冷却条件下研究奥氏体的转变过程，绘出连续冷却转变曲线图。两条曲线反映了奥氏体在冷却时的冷却速度与相变间的关系，它们是选择和制订热处理工艺的重要依据。

6.3.1　过冷奥氏体等温转变

奥氏体在临界温度 A_1 点以上时是稳定的，能够长期存在而不发生组织转变，在临界点 A_1 以下是不稳定的，组织要发生转变。但并不是一冷却到 A_1 以下立即发生转变，在转变前需要停留一定的时间,这个时间称为孕育期。在临界温度 A_1 以下暂时存在的奥氏体,称之为"过冷奥氏体"。

1. 共析碳钢 C 曲线的建立

把共析钢制成若干个一定尺寸的试样加热到 A_{c1} 以上的温度,使其成为均匀的奥氏体组织,分别迅速冷却到临界点 A_1 以下某一温度进行保温,使奥氏体在等温条件下发生相变。过冷奥氏体在等温转变的过程中,必将会引起金属内部的一系列变化,测出试样在不同温度下过冷奥氏体发生相变的开始时间和终了时间,并把它们标在温度-时间坐标上,然后将所有转变开始点和转变终了点分别用光滑曲线连接起来,就得到了该钢种的过冷奥氏体等温转变曲线。图 6-6 是共析碳钢的等温转变曲线测定的示意图,由于曲线的形状很像英文字母"C",故称 C 曲线。过冷奥氏体在不同温度下等温转变经历的时间相差很大,故 C 曲线的横坐标采用对数坐标来表示时间。

2. 共析碳钢 C 曲线分析

图 6-7 是共析碳钢的 C 曲线,由图可以看出:

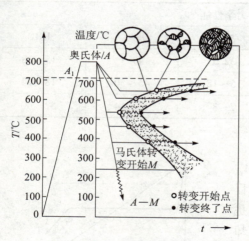

图 6-6 共析钢 C 曲线的建立

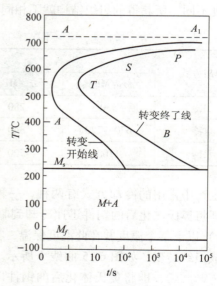

图 6-7 共析碳钢的 C 曲线图

(1) A_1 线是奥氏体向珠光体转变的临界温度,左边一条"C"形曲线为过冷奥氏体转变开始线,右边一条"C"形曲线为过冷奥氏体转变终了线。M_s 和 M_f 线分别是过冷奥氏体向马氏体转变的开始线和终了线,马氏体转变不是等温转变,只有在连续冷却条件下才可能获得马氏体。

(2) A_1 线以上是奥氏体稳定区;A_1 线以下 M_s 线以上,过冷奥氏体转变开始线以左,是过冷奥氏体区;过冷奥氏体转变开始线和终了线之间是过冷奥氏体和转变产物的共存区;过冷奥氏体转变终了线以右,是转变产物区;M_s 线以下,是马氏体区(或者叫马氏体与残余奥氏体共存区)。

(3) 过冷奥氏体在各个温度等温转变时,都要经历一段孕育期,用纵坐标到转变开始线之间的距离来表示。孕育期的长短反映了过冷奥氏体稳定性的不同,在不同的等温温度下，孕育期的长短是不同的。在 A_1 线以下，随着过冷度的增大，孕育期逐渐变短。对共析碳钢来说，大约在 550 ℃时，孕育期最短，过冷奥氏体最不稳定，最易发生珠光体转变。在此温度以下，随着等温温度的降低，孕育期又逐渐延长，即过冷奥氏体的稳定性又逐渐增大，等温转变速度变慢。

（4）共析碳钢的过冷奥氏体在三个不同的温度区间，可以发生三种不同的转变：在 A_1 点至 C 曲线鼻尖区间的高温转变，其转变产物是珠光体（P），故又称为珠光体型转变（包括珠光体 P、索氏体 S 和托氏体 T）；在 C 曲线鼻尖至 M_s 线区间的中温转变，其转变产物是贝氏体（B），故又称为贝氏体型转变（包括上贝氏体 $B_上$ 和下贝氏体 $B_下$）；在 M_s 至 M_f 线之间的低温转变，其转变产物是马氏体（M），故又称为马氏体型转变。

6.3.2 过冷奥氏体连续冷却与 C 曲线的关系

在实际生产中，过冷奥氏体的转变大部分是在连续冷却中完成的，把钢加热到奥氏体状态后，使奥氏体在温度连续下降的过程中发生转变，称为过冷奥氏体的连续冷却转变。在进行定性分析时，等温转变曲线所反映出的规律，在连续冷却时基本上也适用。下面用共析钢的等温转变曲线定性地分析连续冷却条件下的组织转变情况。

C 曲线的坐标是温度和时间，而冷却速度也是温度和时间的关系（即单位时间里温度下降的程度），所以任意一种冷却速度均可以在图中表示出来，如图 6-8 所示。

当以较慢的冷却速度 v_1 连续冷却时，相当于热处理时的随炉冷却（即退火处理），它与 C 曲线的转变开始线及终了线相交于上部，转变产物为珠光体（P）。以 v_2 速度冷却相当于在空气中冷却（即正火处理），与 C 曲线相交于稍低的温度，转变产物是索氏体（S）。以 v_3 速度冷却相当于在油中冷

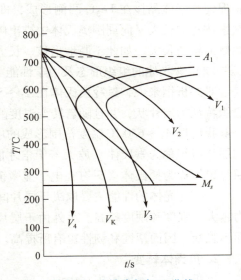

图 6-8 连续冷却与 C 曲线

却（即油中淬火处理），它与转变开始线相交，但未与转变终了线相交，即有一部分奥氏体来不及转变就被过冷到 M_s 线以下转变为马氏体。由此可见，以 v_3 速度冷却后可得到托氏体（T）和马氏体（M）的混合组织。（虽然 v_3 也穿过了贝氏体区，但在共析钢连续冷却转变 C 曲线中没有贝氏体区，所以共析钢在连续冷却时不会得到贝氏体）。冷却速度 v_4 相当于在水中冷却（即水中淬火处理），它不与 C 曲线相交，表明在此冷却速度下，过冷奥氏体来不及发生分解，便被过冷到 M_s 线之下，转变为马氏体。

冷却速度 v_k 恰好与 C 曲线的转变开始线相切，是奥氏体不发生分解而全部过冷到 M_s 以下向马氏体转变的最小冷却速度，称为临界冷却速度。显然，只要冷却速度大于 v_k 就能得到马氏体组织，保证钢的组织中没有珠光体。影响临界冷却速度的主要因素是钢的化学成分，例如碳钢的 v_k 大，而合金钢的 v_k 小，这一特性对钢的热处理具有非常重要的意义。

奥氏体转变为马氏体

6.3.3 过冷奥氏体冷却转变后的组织及性能

通过分析 C 曲线，我们已知在不同的冷却条件下会得到不同的组织，下面讨论各种组织的转变特点及不同组织对钢材性能的影响。

1. 珠光体转变

珠光体是铁素体和渗碳体组成的混合物。

（1）珠光体的形成。

从 $A_1 \sim 550\ ℃$ 温度区间为珠光体相变区，珠光体转变是由奥氏体分解为成分相差悬殊、晶格截然不同的铁素体和渗碳体两相混合组织的过程。

珠光体转变是以形核与晶核长大方式进行的。首先在奥氏体晶界处形成一个小的片状 Fe_3C 晶核，因为 Fe_3C 的含碳量高于奥氏体的含碳量，所以它的形成和长大，必然要从周围奥氏体中吸收碳原子而造成周围奥氏体局部贫碳，而铁素体含碳量低于奥氏体的含碳量，这将促使铁素体晶核在 Fe_3C 两侧形成，即形成珠光体晶核，并逐渐向奥氏体晶粒内部长大。铁素体片的长大又向周围奥氏体中排出碳原子，造成周围的奥氏体富碳，又促使渗碳体在其两侧形核与长大。如此不断地形核、长大，直到转变全部结束。

（2）珠光体的组织形态及力学性能。

对共析钢来说，过冷奥氏体在 $A_1 \sim 550\ ℃$ 温度范围内，将转变为珠光体类型的组织，其组织特征为层片状，并且随着转变温度的降低，珠光体中的铁素体和渗碳体的层片就越薄。一般我们把 $A_1 \sim 650\ ℃$ 温度范围形成的层片组织称为珠光体，$650\ ℃ \sim 600\ ℃$ 温度范围形成的层片组织称为索氏体（放大若干倍才能分辨出层片状），$600\ ℃ \sim 550\ ℃$ 温度范围形成的层片组织称为托氏体（只有在电子显微镜下才能分辨出层片状）。

片状珠光体的性能主要取决于层片间距离。层片间距离越小，相界面越多，塑性变形抗力越大，强度和硬度越高。另外由于层片间距越小，渗碳体越薄，越容易随铁素体一起变形而不脆断，因而塑性和韧性也有所提高。

2. 贝氏体转变

贝氏体是过冷奥氏体在中温区域分解后所得的产物。它是由饱和铁素体和碳化物所组成的非层片状组织。

（1）贝氏体的形成。

$550\ ℃ \sim M_s$ 温度区间为贝氏体转变区，贝氏体形成与珠光体一样也是形核与长大的过程，但两者有本质的区别。因贝氏体转变温度较低，原子的活动能力较差，过冷奥氏体虽然仍分解成渗碳体和铁素体的机械混合物，但铁素体中溶解的碳超过了正常的溶解度。转变后得到的组织为含碳量具有一定过饱和程度的铁素体和极分散的渗碳体组成的混合物，称为贝氏体，用符号"B"表示。

上贝氏体转变

贝氏体有上贝氏体和下贝氏体之分，通常把 $550\ ℃ \sim 350\ ℃$ 温度范围内形成的贝氏体称为上贝氏体，在显微镜下呈羽毛状。在 $350\ ℃ \sim M_s$ 温度范围内形成的贝氏体称为下贝氏体，在显微镜下呈黑色针状。

（2）贝氏体的组织形态及力学性能。

如上所述，典型的贝氏体组织主要有上贝氏体和下贝氏体两种。

贝氏体的力学性能主要取决于贝氏体的组织形态。由于上贝氏体中，碳化物分布在铁素体片层间，脆性大，易引起脆断，因此基本无实用价值。下贝氏体中，铁素体片细小，且无方向性，碳的过饱和度大，碳化物分布均匀，弥散度大。因此下贝氏体具有较高的强度、硬度、塑性和韧性，由于其优良的力学性能，所以工业生产中，常采用等温淬火来获得下贝氏体，避免产生上贝氏体。图6-9是共析碳钢的力学性能与等温转变温度的关系。由图可见（中温区），上贝氏体硬度越低，其韧性也越低，而下贝氏体则相反。

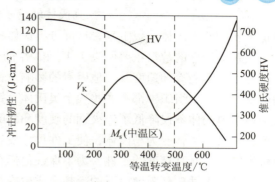

图6-9 共析碳钢的力学性能与等温转变温度的关系

3. 马氏体转变

马氏体是碳在 α-Fe 中的过饱和固溶体。

（1）马氏体的形成及马氏体转变特点。

过冷奥氏体以大于 v_k 的冷却速度快速过冷至 M_s 线以下，γ-Fe 晶格迅速向 α-Fe 晶格转变。由于转变温度低，不发生碳原子的扩散，碳原子被迫全部留在 α-Fe 晶格中，大大超过了碳在 α-Fe 中的正常溶解度，因此马氏体实质上是碳在 α-Fe 中的过饱和固溶体。

马氏体

马氏体转变时，体积会发生膨胀。钢中含碳量越高，马氏体中过饱和的碳原子也越多，奥氏体转变为马氏体时的体积膨胀也越大，这就是高碳钢淬火时容易变形和开裂的原因之一。马氏体转变也是一个形核与长大的过程，但有许多不同于珠光体转变的特点。了解这些特点和转变规律对指导生产实践具有重要意义。它除了具有非扩散性特点外，主要还有以下几点：

马氏体组织转变观察

① 降温形成。马氏体转变是在 $M_s \sim M_f$ 温度范围内连续冷却过程中进行的，马氏体的数量随温度的下降而不断增多。冷却停止，奥氏体向马氏体的转变也停止，只有继续降温，马氏体转变才能继续进行。

② 高速形核和长大。当奥氏体过冷至 M_s 温度以下时，不需要孕育期，马氏体晶核瞬间形成，并以极快的速度迅速长大。每个马氏体片形成的时间很短，因此通常情况下看不到马氏体片的长大过程。在不断降温过程中，马氏体数量的增加是靠一批批新的马氏体不断产生，而不是靠已形成的马氏体的长大，如图6-10所示。

图6-10 片状马氏体的形成过程示意图

③ **马氏体转变的不完全性**。马氏体转变不能进行到底,即使过冷至 M_f 以下温度,仍有少量未转变的奥氏体残留下来,这部分奥氏体称为残余奥氏体,用符号 A_r 表示。

残余奥氏体的数量主要取决于 M_s 和 M_f 的位置,而 M_s 和 M_f 主要由奥氏体的成分来决定,基本上不受冷却速度及其他因素的影响。钢中的含碳量越高,M_s 和 M_f 越低。因此一般高碳钢淬火后,组织中都有一些残余奥氏体,钢的含碳量越高,残留奥氏体越多。

残余奥氏体不仅降低了淬火钢的硬度和耐磨性,而且在工件的长期使用过程中,由于残余奥氏体会继续转变为马氏体,使工件尺寸发生微量胀大,从而降低了工件的尺寸精度。因此生产中对一些高精度的工件,为了保证他们在使用过程中的精度,将淬火工件冷却到室温后,随即将工件放到零度以下的冷却介质中冷却,最大限度地消除残余奥氏体,达到增加硬度、耐磨性与稳定尺寸的目的,这种处理方法称为"冷处理"。

(2) 马氏体的组织形态和力学性能。

马氏体的组织形态有两种,如图 6-11 所示为含碳量高于 1.0% 的片状马氏体,又称高碳马氏体。图 6-12 所示为含碳量低于 0.2% 的板条状马氏体,又称低碳马氏体。

图 6-11 片状马氏体

图 6-12 板条状马氏体

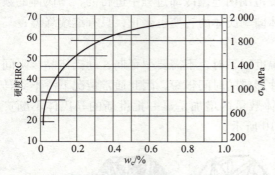

图 6-13 马氏体硬度和强度与含碳量的关系

马氏体的力学性能主要取决于马氏体的含碳量。由于马氏体中溶入过多的碳而使 α-Fe 晶格发生畸变,增加了塑性变形的抗力,随含碳量的增加,马氏体的强度和硬度升高。当钢中含碳量大于 0.6% 时,由于 M_f 降到零度以下,当过冷奥氏体快速冷却至室温时,仍有较多的奥氏体不发生转变而残留于钢中,此时钢的硬度不再升高,如图 6-13 所示。

由此可见,片状马氏体性能特点是硬度高而脆性大,而板条状马氏体不仅具有较高的强度和硬度,且具有较好的塑性和韧性,即具有高的强韧性。所以,低碳马氏体组织在结构零件中得到越来越多的应用,并且使用范围还会逐步扩大。

6.4 退火与正火

退火是将钢加热到适当温度,保持一定时间,然后缓慢冷却(一般随炉冷却)的热处理工艺。正火是将钢加热到 A_{c3} 或 A_{ccm} 以上 30~50℃,保温适当的时间,在空气中冷却的热处理工艺。

退火和正火是生产中常用的热处理工艺,两者的主要差别在于冷却速度不同,退火采用随炉缓慢冷却,正火是在空气中冷却。退火和正火都获得珠光体型组织,由于正火冷速稍快,获得的组织细密,珠光体层片也较薄,因此硬度比退火稍高,例如中碳钢退火后硬度约为 160~180 HBS,而正火后约为 190~230 HBS。

6.4.1 退火和正火的目的

生产中退火和正火常作为预备热处理工序,安排在铸造和锻造(包括焊接)生产之后,切削加工之前。退火和正火的主要目的如下:

(1)调整钢材硬度,以便进行切削加工。硬度为 170~210 HBS 的钢材具有较好的切削加工性,太硬切削困难,太软切削时有"黏刀"现象,切屑不易排除,工件表面光洁度差。为满足切削加工性的要求,低碳钢用正火处理,中碳钢用退火也可用正火处理,而高碳工具钢则必须用退火处理。图 6-14 为各种碳钢经不同方法热处理后的硬度,图中阴影线部分为适宜切削加工的硬度范围。由图看出,含碳超过 0.77% 的过共析钢,退火后仍具有较高的硬度,为了改善其切削加工性,可采用球化退火。这样处理后得到的珠光体组织不再是层片状,而是球状渗碳体分布在铁素体基体上,如图 6-15 所示,这种组织叫做球状珠光体,硬度较片状珠光体低。

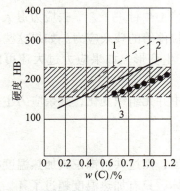

图 6-14 碳钢退火和正火后的大致硬度值
1—正火(片状珠光体类组织);2—退火(片状珠光体类组织);3—球化退火(球状珠光体)

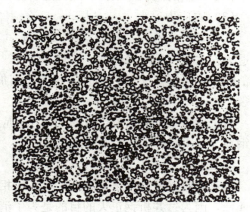

图 6-15 球状珠光体显微组织(500×)

（2）消除残余应力。

（3）细化晶粒，改善组织以提高钢的力学性能。退火和正火都需要把钢加热至临界温度以上，使之变为奥氏体。奥氏体形成时首先要产生结晶核心，然后逐渐长大，产生的核心越多，形成的晶粒就越多越细小。这些细的奥氏体晶粒冷至室温后，就可以得到细晶粒的常温组织。

（4）为最终热处理做好准备。

6.4.2 退火和正火工艺及应用

1. 退火

根据钢的成分及退火目的不同，退火工艺可分为完全退火、球化退火、等温退火、扩散退火、去应力退火和再结晶退火等，其中常用的是完全退火、球化退火和去应力退火。

（1）完全退火。完全退火是将亚共析钢加热至 A_{c3} 以上 30 ℃～50 ℃，保温后随炉缓慢冷却至 500 ℃ 以下，出炉在空气中冷却的热处理工艺。完全退火又称重结晶退火。这种退火主要用于亚共析成分的各种碳钢和合金钢的铸、锻件及热轧型材，有时也用于焊接件。目的是细化晶粒、消除应力、均匀组织、改善性能。一般常作为一些不重要工件的最终热处理，或作为某些重要零件的预备热处理。

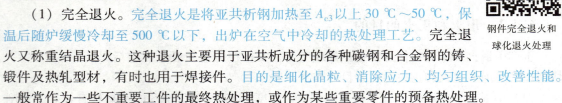

钢件完全退火和球化退火处理

（2）球化退火。球化退火是将过共析钢加热到 A_{c1} 以上 20 ℃～30 ℃，保温后随炉缓慢冷却至 500 ℃ 以下，出炉在空气中冷却的热处理工艺。球化退火后得到球状珠光体组织，主要用于过共析钢，主要目的是降低硬度、改善切削加工性，为以后的热处理做好准备。

过共析钢不能采用完全退火，因为加热温度超过 A_{ccm} 后，过共析钢的组织为单一的奥氏体，如果随后再缓慢地冷却，最后得到的组织将是层片状珠光体+网状渗碳体，出现网状渗碳体将使钢的韧性大为降低。如果球化退火前钢中存在严重的网状渗碳体，应先进行正火将其消除，以保证球化退火的质量。

球状珠光体形成过程动画及球化退火应用

（3）去应力退火。去应力退火是将钢件随炉缓慢加热至 500 ℃～650 ℃，保温后随炉冷却（50 ℃/h～100 ℃/h）至 300 ℃～200 ℃ 以下出炉空冷的热处理工艺。去应力退火又称低温退火，主要用来消除铸件、锻件、焊件、热轧件、冷拉件等的残余应力。如果这些应力不予消除，会引起钢件在一定时间后或切削加工过程中产生变形，如果应力过大还可能造成开裂。

由去应力退火加热温度可知，钢在去应力退火过程中并无组织变化，残余应力主要是通过钢在 500 ℃～650 ℃ 保温后消除的。

2. 正火

对亚共析钢来说，正火和退火可采用相同的加热温度，而过共析钢正火加热温度必须高于 A_{ccm}。因为过共析钢正火的目的是为了消除网状渗碳体，只有加热温度超过了 A_{ccm} 后，网状渗碳体才能全部溶于奥氏体中，从而获得单一的奥氏体组织，在随后的空冷过程中，由于冷速较快，渗碳体来不及在奥氏体晶粒边界上大量析出，因而就不能形成脆性很大的网状渗碳体。

由于正火的冷却速度稍快于退火,由 C 曲线可知,两者的组织是不一样的,正火后的组织比退火细,因此正火后的力学性能也比退火要好,见表 6-2。

表 6-2　45 钢退火、正火状态力学性能

状态	$\sigma_b/(N \cdot mm^{-2})$	$\delta_5/\%$	$\alpha_K/(J \cdot cm^{-2})$	HB
退火	650～700	15～20	40～60	～180
正火	700～800	15～20	50～80	～220

正火的主要应用是:

(1) 因正火后的力学性能较退火高,且处理工艺时间短,可用于不重要结构零件的最终热处理。

(2) 用于低、中碳结构钢,作为预先热处理,可获得合适的硬度,便于切削加工。

(3) 用于过共析钢,可抑制或消除网状二次渗碳体的形成,以便在进一步球化退火中得到良好的球状珠光体组织。

各种退火和正火加热温度范围及热处理工艺曲线如图 6-16 所示。

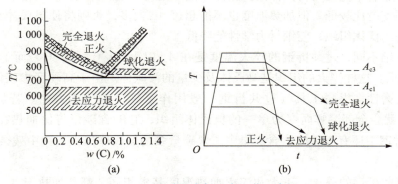

图 6-16　几种退火与正火工艺示意图
(a) 加热温度范围;(b) 热处理工艺曲线

6.5　淬　火

将钢件加热到临界温度 (A_{c3} 或 A_{c1}) 以上适当温度,保温后急速冷却 (水冷、油冷等) 的热处理工艺叫做淬火。淬火的目的主要是为了获得马氏体或贝氏体组织,它是强化钢材的最重要的热处理方法,大量重要的机械零件及各类刃具、模具、量具等都需进行淬火处理。

零件淬火　　淬火方法

淬火需与适当的回火工艺相配合，才能使钢具有不同的力学性能，以满足各类零件或工模具的使用要求。

6.5.1 淬火加热温度的选择

钢的淬火加热温度根据 $Fe-Fe_3C$ 相图选择，如图 6-17 所示。

由 C 曲线可知，只有奥氏体能够转变成马氏体，所以淬火时首先需把钢加热至临界温度以上，使钢变为奥氏体组织。亚共析钢的淬火加热温度必须超过临界温度 A_{c3} 以上 30 ℃～50 ℃，这样才能使钢全部转变成奥氏体，淬火后才有可能全部获得马氏体组织。如果加热温度仅在 A_{c1} 至 A_{c3} 之间，钢的组织

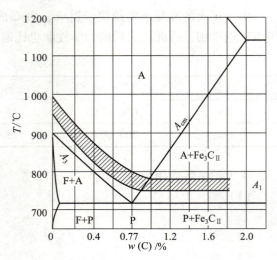

图 6-17　碳钢淬火加热温度范围

除奥氏体外，还有不能变为马氏体的铁素体，使淬火后的组织除马氏体外还将含有很软的铁素体，钢的硬度就比较低。但加热温度也不能超过 A_{c3} 太多，否则将使奥氏体晶粒长大，淬火后为粗大的马氏体组织，使钢材力学性能降低。

与亚共析钢不同，过共析钢的淬火温度是在 A_{c1} 以上 30 ℃～50 ℃，而不能超过 A_{ccm}，如图 6-17 所示。这样淬火的组织是马氏体及少量的渗碳体。由于高硬度渗碳体的存在，可以增加钢的耐磨性，提高工具（过共析钢一般用作工具）的使用寿命。若加热温度超过 A_{ccm}，渗碳体就会全部溶解而变为单一的奥氏体组织，它的含碳量将比加热在 A_{c1}～A_{ccm} 的奥氏体（这时钢中还有渗碳体）含碳量多。含碳量多的奥氏体淬火后钢中残余奥氏体较多，使其硬度降低。

总之，亚共析钢的退火、正火和淬火加热温度基本相同，都是加热至 A_{c3} 以上 30 ℃～50 ℃；而对过共析钢就不同了，退火和淬火只加热至 A_{c1} 以上 30 ℃～50 ℃，只有正火为了消除网状渗碳体，才需加热至 A_{ccm} 以上。

6.5.2 淬火冷却介质

工件进行淬火冷却所用的介质称为淬火冷却介质。 淬火操作难度比较大，主要因为淬火时要求得到马氏体，冷却速度必须大于钢的临界冷却速度（V_k），而快速冷却总是不可避免地造成很大的内应力，会引起钢件的变形与开裂。为保证工件淬火后得到马氏体，同时减小变形和开裂，必须正确选用冷却介质。

由 C 曲线可知理想的淬火冷却介质应保证：650 ℃以上由于过冷奥氏体较稳定，因此冷却速度可以慢一点，以减小工件内外温差引起的热应力，防止变形；650 ℃～400 ℃范围内，由于过冷奥氏体很不稳定（尤其 C 曲线鼻尖处），只有冷却速度大于临界冷却速度，才能保证过冷奥氏体在此区间不形成珠光体；300 ℃～200 ℃范围内应缓冷，以减小热应力和相变应力，防止产生变形和开裂。因此理想的淬火冷却速度如图 6-18 所示。

生产中常用的冷却介质有水、油、碱或盐类水溶液。

1. 水及水溶液

在 650 ℃～400 ℃ 范围内需快冷时，水的冷却速度相对较小；在 300 ℃～200 ℃ 范围内需要慢冷时，水的冷却速度又相对较大。但水价廉安全，故常用于形状简单的碳钢零件的淬火。淬火时随水温升高，冷却能力降低，故使用时应控制水温低于 40 ℃。为提高水在 650 ℃～400 ℃ 范围内的冷却能力，常加入少量（5%～10%）的盐（或碱）制成盐（或碱）水溶液。盐水溶液对钢件有一定的锈蚀作用，淬火后必须清洗干净，主要用于形状简单的低、中碳钢件淬火。碱水溶液对工件、设备及操作者腐蚀性较大，主要用于易产生淬火裂纹工件的淬火。

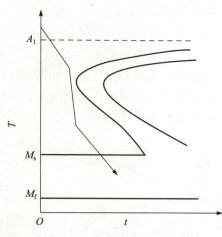

图 6-18 理想淬火冷却速度

2. 油

常用的有机油、变压器油、柴油等。油在 300 ℃～200 ℃ 范围内的冷却速度比水小，有利于减小工件变形和开裂，但在 650 ℃～400 ℃ 范围内冷却速度也比水小，不利于工件淬硬，因此只能用于低合金钢与合金钢的淬火，使用时油温应控制在 40 ℃～100 ℃ 范围内。

常用淬火冷却介质的冷却性能见表 6-3。

表 6-3 常用淬火冷却介质的冷却性能

冷却介质	冷却速度/(℃·s^{-1})	
	在 650 ℃～550 ℃ 时	在 300 ℃～200 ℃ 时
18 ℃ 的水	600	270
10% 的盐水溶液	1 100	300
10% 的碱水溶液	1 200	300
50 ℃ 的矿物油	150	30

6.5.3 淬火方法

淬火时除了正确地进行加热及合理地选择冷却介质外，还需配以适当的冷却方法进行淬火，才能保证零件的热处理质量，常用的淬火冷却方法如图 6-19 所示。

1. 单液淬火

单液淬火就是将加热后的钢件，在一种冷却介质中进行淬火操作的方法，如图 6-19（a）所示。通常碳钢用水冷却，合金钢用油冷却。单液淬火应用最普遍，碳钢及合金钢机器零件在绝大多数的情况下均使用此方法，它操作简单，易于实现机械化和自动化。水和油的冷却特性都不够理想，某些钢件（如外形复杂的中、高碳钢工件）水淬易变形、开裂，油淬易造成硬度不足。

2. 双介质淬火

将工件加热到淬火温度后，先在冷却能力较强的介质中冷却至接近 M_s 点温度，再把工件迅速取出放入冷却能力较弱的冷却介质中继续冷却至室温的淬火方法，称为双介质淬火，如先水后油，先水后空气等，如图 6-19（b）所示。

双介质淬火可减少淬火内应力，但操作比较困难，主要用于高碳工具钢制造的易开裂工件，如丝锥、板牙等。

3. 分级淬火

将钢材奥氏体化后，随之浸入温度稍高或稍低于钢的 M_s 点的液态介质中，保温适当时间，待工件的整体均达到介质温度后取出空冷，从而获得马氏体组织的热处理工艺称分级淬火，又称马氏体分级淬火，如图 6-19（c）所示。

马氏体分级淬火通过在 M_s 点附近的保温，使工件内外温差达到最小，可减小淬火应力，防止工件变形和开裂。由于盐浴冷却能力较差，碳钢零件淬火后会出现非马氏体组织，故马氏体分级淬火主要用于合金钢或截面不大、形状复杂的碳钢工件。

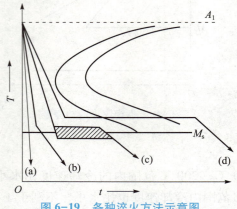

图 6-19　各种淬火方法示意图
(a) 单液淬火；(b) 双介质淬火；
(c) 分级淬火；(d) 等温淬火

4. 等温淬火

把奥氏体化的钢，放入稍高于 M_s 点温度的盐浴或碱浴中，保温足够时间，使奥氏体转变为下贝氏体的工艺操作叫等温淬火，如图 6-19（d）所示。等温淬火是为了获得下贝氏体组织，故又称贝氏体等温淬火。

贝氏体等温淬火可显著减小淬火应力和变形，所得到的下贝氏体组织具有较高的硬度和韧性，故常用于处理形状复杂、要求强度、韧性较好的工件，如各种模具、成形刀具等。

6.5.4　淬硬性与淬透性

1. 淬透性与淬硬性概念

淬火时，工件截面上各处的冷却速度是不同的。表面的冷却速度最快，越靠近心部冷却速度越慢。如果工件表面和心部冷却速度都大于临界冷却速度，则工件的整个截面都能获得马氏体组织，整个工件就被淬透了。如果心部冷却速度低于临界冷却速度，如图 6-20（a）所示，则工件的表层获得马氏体组织，心部是马氏体与珠光体类的混合组织，这时工件未被淬透。钢在一定条件下淬火后，获得一定深度淬透层的能力，称为钢的淬透性。所谓淬透层是从工件表面向里至半马氏体区（马氏体与非马氏体组织各占一半）的垂直距离，淬透层越深，表示钢的淬透性越好。影响钢材淬透性的主要因素是钢的临界冷却速度（V_k），V_k 越小，钢的淬透性越好。钢的临界冷却速度主要取决于钢的化学成分。

钢的淬硬性和钢的淬透性是两个完全不同的概念。淬硬性是指钢在淬火后所能达到的最高硬度，它主要取决于马氏体的含碳量，确切地说，它取决于淬火加热时，固溶在奥氏体中的含碳量。固溶在奥氏体中的碳量越多，淬火后钢的硬度就越高，其淬硬性就越好。因此淬透性好的钢，其淬硬性不一定好，反之淬硬性好的钢，其淬透性不一定好。如低碳合金钢淬透性很好，但淬硬性却不高，碳素工具钢的淬透性较差，但它的淬硬性却很高。

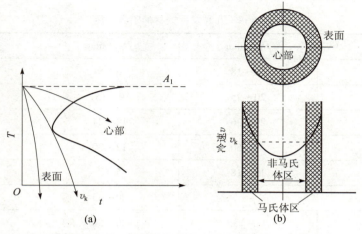

图 6-20　工件淬透层深度与截面上冷却速度的关系示意图
（a）零件截面的不同冷却速度；（b）未淬透区的示意图

2. 淬透性的测定和表示方法

淬透性测定方法有多种，目前常用的方法是 GB 225—1988《钢的淬透性末端淬火试验方法》。图 6-21（a）所示为末端淬火试验装置，将 25 mm×100 mm 的标准试样置于炉中加热使之奥氏体化后，放在末端淬火试验机上，向试样末端喷水冷却，由于末端冷却最快，越往上冷却速度越慢，因此沿试样长度方向上各处的组织和硬度不同。淬火后从试样末端起，每隔一定距离测量一个硬度值，即得到沿试样长度方向的硬度分布曲线，即淬透性曲线，如图 6-21（b）所示。由图可见，45 钢比 40Cr 钢硬度下降要快得多，表明 40Cr 钢比 45 钢的淬透性要好。图 6-21（c）所示为钢的半马氏体区硬度与钢的含碳量关系。

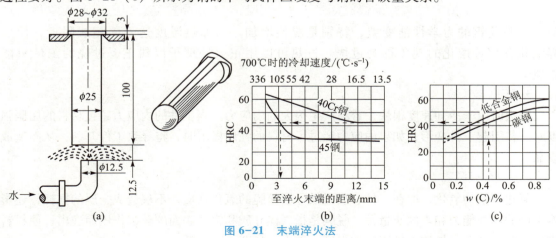

图 6-21　末端淬火法
（a）末端淬火试验示意图；（b）淬透性曲线；（c）半马氏体硬度与含碳量关系

生产中也常用所谓"临界直径"来表示钢的淬透性,临界直径是指圆形钢棒在某种介质中淬火时,所能得到的最大淬透直径(对一般结构钢来说,即心部正好是半马氏体组织时的最大直径),以 D_0 表示。显然在相同的冷却条件下,D_0 越大,钢的淬透性也越好。表 6-4 列出了一些钢材在水和油中淬火时的临界直径。

表 6-4　几种常用钢材的临界直径

钢号	$D_{0水}$/mm	$D_{0油}$/mm	心部组织
45	10～18	6～8	50% M
60	20～25	9～15	50% M
40Cr	20～36	12～24	50% M
20CrMnTi	32～50	12～20	50% M
T8～T12	15～18	5～7	95% M
GCr15	—	30～35	95% M
9SiCr	—	40～50	95% M
Cr12	—	200	95% M

6.5.5　淬火缺陷

在热处理中,由于淬火工艺控制不当,会产生下列缺陷。

1. 硬度不足

当淬火加热温度过低、保温时间不足、冷却速度过低或表面脱碳等原因,会造成硬度低于所要求的硬度,这种现象称为硬度不足。如果在工件的局部地区产生硬度不足,称为软点。

2. 过热与过烧

淬火时加热温度过高或保温时间过长,会引起奥氏体晶粒显著粗大,此现象称为过热。过热使钢的力学性能变差,特别是脆性增加。当加热温度达到固相线附近,使晶界氧化并部分熔化的现象称为过烧。过热可以用正火处理予以纠正,过烧的工件只能报废。

3. 变形与开裂

淬火时由于冷却速度很快,容易产生很大的内应力。当工件的内应力超过材料的屈服强度时,将引起工件变形;如果内应力超过了材料的强度极限时,将导致工件开裂,从而造成废品。

4. 氧化与脱碳

氧化是铁的氧化,即在工件表层形成一层松脆的氧化铁皮,不仅造成金属的损耗,还影响工件的承载能力和表面质量等。脱碳是指气体介质和钢件表面的碳起作用而逸出,使材料表面含碳量降低,导致工件表层的强度、硬度、疲劳强度降低。

为防止氧化和脱碳,对重要受力零件和精密零件通常在盐浴炉内加热,要求更高时,可在工件表面涂覆保护剂或在保护气氛及真空中加热。

6.6 回　火

淬火后的钢加热到 A_1 以下某一温度，保温一定时间，然后冷却至室温的热处理操作叫做回火。回火有两个显著特点：一是加热温度必须在临界温度以下（上述淬火、退火、正火是在临界温度以上）；二是回火在淬火后进行，淬火后的工件必须进行回火。

回火的种类及其应用

6.6.1　回火目的

淬火钢虽然具有高的硬度和强度，但脆性较大，并且工件内部残留淬火应力，必须经回火处理后才能使用。淬火钢回火的目的：

（1）减少或消除工件淬火时产生的内应力，防止工件在使用过程中变形和开裂。

（2）使工件达到所要求的机械性能。通过回火提高钢的韧性，适当调整钢的强度和硬度。

（3）稳定组织，使工件在工作过程中不发生组织转变，从而保证工件的形状和尺寸稳定，保证工件的精度。

回火工艺是热处理的最后工序，决定着钢的使用性能，所以是很重要的热处理工序。

6.6.2　回火对钢性能的影响

图 6-22 为 40 钢回火温度与钢的力学性能关系图。

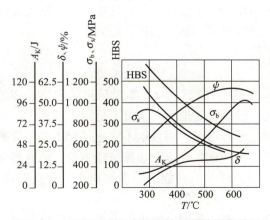

图 6-22　40 钢回火温度与钢的力学性能的关系

由图中可以看出，回火温度低于 200 ℃时，淬火钢的硬度和抗拉强度降低不多。随着回火温度的升高，硬度和抗拉强度明显下降。钢的韧性，随回火温度的升高而提高，尤其 400 ℃以后韧性大为增加，650 ℃左右达最大值。在 300 ℃以下回火时，钢的屈服强度随回火温度的升高而提高。

6.6.3 回火时钢的组织变化

淬火钢在回火时力学性能的变化，是因其内部组织发生了变化的结果。

按回火温度的不同，回火时钢的组织变化可分为四个阶段：

1. 80 ℃～200 ℃马氏体分解

当钢加热至约 80 ℃时，其内部原子活动能力有所增强，马氏体中的过饱和碳原子开始逐步以碳化物的形式析出，马氏体中碳的过饱和程度不断降低，同时晶格畸变程度减弱，内应力有所降低。马氏体的分解，使碳的过饱和程度降低，钢的硬度有所下降，但析出的碳化物对基体起着强化作用，所以这一阶段钢仍保持高的硬度和耐磨性，其组织为回火马氏体，钢的韧性有所提高。

2. 200 ℃～300 ℃残余奥氏体分解

当钢加热温度超过 200 ℃时，残余奥氏体开始分解，到 300 ℃左右残余奥氏体分解基本结束。在此温度范围内，马氏体继续分解，因而淬火应力进一步减小。

3. 300 ℃～400 ℃渗碳体形成

当钢加热温度到 300 ℃～400 ℃阶段，从过饱和固溶体中析出的碳化物转变为高度弥散分布的、极细小颗粒状的渗碳体，得到回火托氏体组织。此时淬火应力基本消除，硬度降低。

4. 400 ℃以上渗碳体聚集长大

400 ℃以上高度弥散分布的、极细小颗粒状的渗碳体逐渐转变为较大的粒状渗碳体，随回火温度的升高，渗碳体颗粒不断聚集长大。在 400 ℃～500 ℃温度范围内形成的组织，渗碳体颗粒很细小，称为回火托氏体；在 500 ℃～600 ℃温度范围内形成的组织，为粒状渗碳体和铁素体的机械混合物，称为回火索氏体。

在回火过程中，由于组织发生了变化，钢的性能也随之发生变化，其基本趋势是随回火温度的升高，钢的强度、硬度下降，塑性、韧性提高。

6.6.4 回火温度

回火温度不能超过临界温度（727 ℃），如果超过此温度，钢的组织就转变为奥氏体，再继之以快冷，就是淬火。慢冷就是退火，这就不是回火处理了。

回火温度不仅不能超过临界温度，而且也不应超过 650 ℃，从图 6-22 中可清楚地看到，回火温度如果超过 650 ℃，不但钢的硬度和强度继续下降，而且塑性和韧性也要下降。

回火温度根据零件使用条件和对性能的要求来决定。回火温度低，钢的硬度高但韧性低；回火温度高，钢的韧性高但硬度低。

在生产中由于对钢性能的要求不同，回火可分为下列三类：

1. 低温回火

回火温度为 150 ℃～250 ℃，回火后的组织为回火马氏体。目的是使钢件淬火残余内应力得到部分消除，能使韧性提高一些，并仍保持很高的硬度。低温回火用于要求高硬度和高耐磨性的工具和工件，如各种刀具和量具等（例如锯条、锉刀等）。高碳工具钢低温回火后，硬度一般在 58～64 HRC 范围内。

2. 中温回火

回火温度为 350 ℃～500 ℃，回火后的组织为回火托氏体。中温回火能使钢件具有较高的弹性极限，并且有一定的韧性，适用于各种弹簧、发条以及热锻模的热处理。弹簧和热锻模经中温回火后的硬度约为 35～45 HRC 范围内。

3. 高温回火

回火温度为 500 ℃～650 ℃，回火后的组织为回火索氏体。高温回火可以大大提高钢的韧性，其强度比低温及中温回火要相对地降低，但比没有经过淬火+高温回火的钢要高。这就是说，高温回火可以获得高韧性与较高强度的优良综合力学性能，故一般都将淬火与高温回火相结合的热处理叫"调质处理"。调质后（中碳钢）硬度为 25～35 HRC。调质处理广泛应用于各种受力构件，如轴、连杆等。

与正火相比，正火组织是层片状的（片状铁素体与渗碳体交错形成），而调质后组织是粒状的，即细小的渗碳体颗粒均匀分布在铁素体基体上，这种粒状的组织使调质处理后的钢具有较高的综合力学性能。

因为正火比调质热处理方法操作简便，所以性能要求不高的一些碳钢零件，有时可用正火代替调质，但重要的零件尤其是合金钢零件必须经过调质处理，才能使钢材的优良性能表现出来。

6.7 表面淬火

在机械制造业中，有许多零件，如齿轮、凸轮、曲轴及销子等，是在受冲击载荷及摩擦的条件下工作的，这就要求这些零件韧性高且耐磨。零件硬度高，耐磨性也高，但硬度高韧性就会降低。为使工件能在高韧性的情况下耐磨，就必须使零件表面硬度高，而心部韧性高。为满足这类零件的性能需求，就要进行表面热处理。表面热处理方法：一是化学热处理（改变钢的表层成分，达到表面耐磨的目的）；二是表面淬火。

表面淬火就是把零件需耐磨的表层淬硬，而心部仍保持未淬火的高韧性状态。表面淬火必须用高速加热法使零件表面层很快地达到淬火温度，而不等其热量传至内部，立即迅速冷却使表面层淬硬。

表面淬火用的钢材必须是中碳（0.35%）以上的钢，常用 40 钢、45 钢或中碳合金钢 40Cr 等。

根据加热方法不同，目前常用的方法有火焰加热表面淬火及感应加热表面淬火两种，其中感应加热表面淬火应用最为广泛。另外能量高度集中的激光和电子束加热，用于局部选择性表面淬火可大大提高耐磨性。

6.7.1 火焰加热表面淬火

用高温的氧—乙炔火焰或氧与其他可燃气体（煤气、天然气等）的火焰，将零件表面迅速加热到淬火温度，然后立即喷水冷却的工艺，称为火焰淬火，如图6-23所示。淬火喷嘴以一定速度沿工件表面移动，并将表面层加热到淬火温度，一个喷水设备紧跟喷嘴后面，将被加热的表面迅速冷却淬硬。

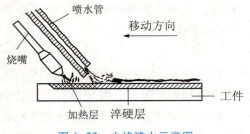

火焰表面淬火

图6-23 火焰淬火示意图

此法的优点是淬火方法简单，不需特殊设备，故适用于单件小批量零件的淬火。但由于其加热温度不易控制，工件表面易过热，淬火质量不够稳定等因素，在机械制造业中的应用受到限制。

6.7.2 感应加热表面淬火

感应加热表面淬火是利用感应电流通过工件产生的热效应，使钢表面迅速加热，然后快速冷却的淬火工艺。此法具有效率高、工艺易于操作和控制等优点，目前在机床、机车、拖拉机以及矿山机器等机械制造工业中得到广泛应用。常用的有高频和中频感应加热两种。

感应淬火的基本原理、分类及应用

1. 感应加热原理

若将金属置于通有交流电的感应器（线圈）里，感应器周围会产生交变磁场，位于其中的金属内部就会产生频率相同、方向相反的感应电流。电流主要是沿导体表面层通过，频率越高，电流分布就越集中在表面，这种现象称为电流的"表面效应"或"集肤效应"。

感应加热就是利用电流的表面效应来实现的。把需淬火的零件放在特制的感应圈内，如图6-24所示。与感应线圈紧邻的表面部分被感应产生电流，电流在工件内通过就会产生热量（电阻热）把零件表面迅速加热至高温。

感应器中，电流频率越高，感应电流越趋于工件表层，加热淬火层也就越薄。

按所用电流频率不同，感应淬火分三种：

（1）高频感应淬火，常用频率为200～300 kHz，淬硬层深度为0.5～2 mm。主要用于要求淬硬层较薄的中、小模数齿轮和中、小尺寸轴类零件等。

（2）中频感应淬火，常用频率为1～

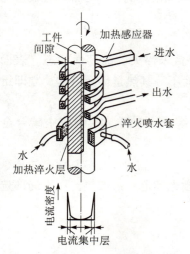

图6-24 感应加热表面淬火示意图

齿轮高频淬火的过程

10 kHz，淬硬层深度为 2～8 mm。主要用于大、中模数齿轮和较大直径轴类零件等。

（3）工频感应淬火，常用频率为 50 Hz，淬硬层深度一般大于 10 mm，主要用于大直径零件（如轧辊、火车车轮等）的表面淬火和大直径钢件的穿透加热。

2. 感应淬火的特点

（1）加热速度快。零件由室温加热到淬火温度仅需几秒到几十秒。

（2）淬火质量好。因加热速度快，加热时间短，工件基本无氧化、脱碳且变形小。淬火后表层可获得细小马氏体，使表面比普通淬火硬度高 2～3 HRC，疲劳强度、韧性也有所提高，一般可提高 20%～30%。淬硬层深度另控制。

（3）热效率高，生产率高，易实现机械化、自动化适于大批量生产。

（4）感应设备昂贵，维修调试比较困难，不适用于单件生产。

感应淬火最适宜的钢种是中碳钢和中碳合金钢，也可用于高碳工具钢、含合金元素较少的合金工具钢及铸铁等。

一般表面淬火前应对工件正火或调质，保证工件心部有良好的力学性能，并为表层加热作好组织准备。表面淬火后应进行低温回火，以降低淬火应力和脆性。

6.8 化学热处理

将工件放在一定温度的活性介质中保温，使一种或几种元素渗入工件表层，以改变其化学成分、组织和性能热处理工艺，称为化学热处理。化学热处理与其他热处理比较，不仅改变了钢的组织，而且表层的化学成分也改变了。

化学热处理是通过以下三个基本过程来完成的：

（1）分解：介质在一定的温度下，发生化学分解，产生渗入元素的活性原子。

（2）吸收：活性原子被工件表面吸收。例如活性炭原子溶入铁的晶格中形成固溶体，与铁化合成金属化合物等。

（3）扩散：渗入的活性原子，在一定的温度下，由表面向心部扩散，形成一定厚度的扩散层（即渗层）。

化学热处理的基本过程

常用的化学热处理方法有：渗碳、渗氮、碳氮共渗以及渗金属等多种。

6.8.1 渗碳

渗碳是把零件置于渗碳介质中加热并保温，使活性炭原子渗入工件表层的化学热处理工艺。目的是提高钢的表层含碳量。工件渗碳后经淬火及低温回火处理，表面获得高硬度和耐磨性，心部又保持良好的韧性。渗碳零件必须为低碳钢或低碳合金钢。

渗碳

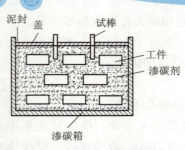

图 6-25 固体渗碳示意图

零件渗碳的操作过程及渗后热处理

1. 渗碳方法

渗碳方法按渗碳介质不同可分方固体渗碳、液体渗碳和气体渗碳三种，常用的是固体渗碳和气体渗碳。

（1）固体渗碳。

固体渗碳就是把工件埋在用铁箱封闭起来的渗碳剂中，然后加热到高温，保持一定时间，使碳渗入钢件表层，如图 6-25 所示。

固体渗碳剂一般是由可产生碳原子的物质（木炭）和催渗剂（Na_2CO_3、$BaCO_3$ 等）组成，其中催渗剂占 10%～15% 左右。

在高温下，渗碳箱中的木炭由于空气不足与氧形成一氧化碳，所产生的一氧化碳与零件接触时就分解出活性炭原子而渗入钢中，其反应式为：

$$2C+O_2 \rightarrow 2CO$$

$$2CO \rightarrow CO_2 + [C] \rightarrow 被钢吸收$$

渗碳剂中的碳酸盐，可以使 CO 浓度增加，加速渗碳的进行。

固体渗碳温度一般为 900 ℃～950 ℃。渗碳时间按照零件对渗碳层的厚度要求（一般在 0.5～2 mm）来确定，大致可按每小时得到 0.1 mm 的渗碳层计算。渗碳时间到达后，把渗碳箱从炉中取出，放在空气中冷却。渗碳后零件最表面含碳约为 1.0%～1.2%，内层含碳量逐渐降低。

固体渗碳是最早采用的化学热处理方法，因其具有设备简单，操作容易等优点，目前不少中、小型工厂仍在使用。

（2）气体渗碳。

气体渗碳炉的构造

气体渗碳是把工件装入密封的高温炉中，并通入渗碳气体来进行的，如图 6-26 所示。

将零件置于密闭的加热炉中，往炉中滴入易于热分解或气化的液体（如煤油、甲醇等），或直接通入渗碳气体（如煤气、石油液化气等），加热到渗碳温度，渗碳剂在高温下分解，产生活性炭原子，其反应式如下：

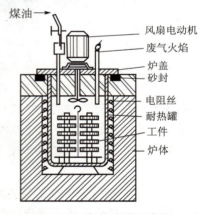

图 6-26 气体渗碳示意图

$$CH_4 \rightarrow 2H_2 + [C]$$

$$2CO \rightarrow CO_2 + [C]$$

活性炭原子被钢的表面吸收而溶于高温奥氏体中，并向内部扩散，最后形成一定深度的渗碳层。渗碳层深度主要取决于保温时间，气体渗碳速度平均为 0.2～0.25 mm/h。

气体渗碳的温度一般是 900 ℃～930 ℃。渗碳时间随渗碳层的深度要求而定。用煤油作渗碳剂时，每小时约可渗 0.2 mm 左右。渗碳层的含碳量对零件使用性能有很大影响，一般情况其含碳量在 0.8%～1.0% 较好。

气体渗碳除了可以控制渗碳层含碳量、提高零件渗碳质量外，还有以下主要优点：渗碳速度快，工艺过程易于实现机械化和自动化，生产率高，劳动条件好，渗碳后可直接淬火（固体渗碳一般必须重新加热淬火），省去重复加热的工序，从而可减小零件变形。因此气体渗碳应用越来越广。

气体渗碳与固体渗碳相比，需要添置专用的渗碳设备。

2. 渗碳层深度

增加渗碳层深度，可提高钢的抗弯强度、耐磨性以及疲劳强度。但渗碳层过深，不仅使渗碳时间延长和热处理费用增加，而且使其性能降低，因而设计零件时要选定合理的渗碳层深度。

渗碳层深度通常根据零件的工作条件及尺寸来决定，一般机器零件渗碳层深度大都在0.5~2.0 mm，渗碳用钢为低碳钢和低碳全合金钢。

3. 渗碳后的热处理

渗碳能使零件表层含碳量提高，如不进行热处理，其硬度和耐磨性还是很低的。因此渗碳后还必须进行热处理，渗碳后常用的热处理方法有下列三种：

（1）直接淬火法。即工件从渗碳温度预冷到略高于心部 A_{c3} 的某一温度，直接淬入冷却液中，即直接淬火法，如图 6-27（a）所示。预冷是为了减少淬火应力和变形。

直接淬火法操作简单，不需重新加热，生产率高，成本低，脱碳倾向小。但由于渗碳温度高，奥氏体晶粒易长大，淬火后马氏体粗大，残留奥氏体也多，所以工件耐磨性较低，变形较大。此法适用于本质细晶粒钢或受力不大、耐磨性要求不高的零件。

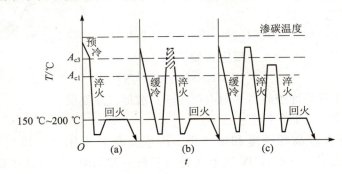

图 6-27 渗碳件常用的热处理方法
(a) 直接淬火；(b) 一次淬火；(c) 二次淬火

（2）一次淬火法。即渗碳出炉缓冷后，再重新加热进行淬火，如图 6-27（b）所示。对心部性能要求较高的零件，淬火加热温度略高于心部的 A_{c3}，使其晶粒细化，并得到低碳马氏体；对表层性能要求较高但受力不大的零件，淬火加热温度应在 A_{c1} 以上 30 ℃~50 ℃，使表层晶粒细化，而心部组织改善不大。

（3）二次淬火法。第一次淬火是为了改善心部组织和消除表面网状渗碳体，加热温度为 A_{c3} 以上 30 ℃~50 ℃。第二次淬火是为细化工件表层组织，获得细马氏体和均匀分布的粒状二次渗碳体，加热温度为 A_{c1} 以上 30 ℃~50 ℃，如图 6-27（c）所示。二次淬火法工艺复杂，生产周期长，成本高，变形大，只适用于表面耐磨性和心部韧性要求高的零件或本质粗晶粒钢。

渗碳件淬火后应进行低温回火。直接淬火和一次淬火经低温回火后，表层组织为回火马氏体和少量渗碳体。二次淬火表层组织为回火马氏体和粒状渗碳体。渗碳、淬火回火后的表面硬度平均为58～64 HRC，耐磨性好。心部组织取决于钢的淬透性，低碳钢一般为铁素体和珠光体，硬度为137～183 HBS。低碳合金钢一般为回火低碳马氏体、铁素体和托氏体，硬度为34～54 HRC，具有较高的强度和韧性，一定的塑性。

4. 渗碳与表面淬火的比较

渗碳和表面淬火均能使零件达到既耐磨同时韧性又高的目的。实际工作中如何选用，主要根据其具体条件和对它们各自的优缺点加以比较来决定。

与表面淬火比较，渗碳处理除了力学性能较高（表面硬度较高，耐磨性较高，疲劳强度较高）外，零件外形对渗碳工艺影响不大，形状非常复杂的零件仍可进行渗碳处理。而表面淬火则不然，形状稍微复杂的零件就很难甚至无法进行。因而有些零件虽然用表面淬火法完全可达到使用要求，但因工艺上不易实现，必须采用渗碳处理。渗碳最大的缺点是工艺过程较长，生产率低，成本高。

6.8.2 渗氮（氮化）

氮化

渗氮是指在一定温度下，使活性氮原子渗入工件表层的化学热处理工艺。其目的是提高工件表面硬度、耐磨性、疲劳强度和耐蚀性。常用的渗氮方法有：气体渗氮和离子渗氮，目前应用最广的渗氮方法是气体渗氮。

1. 气体渗氮（气体氮化）

气体渗氮是将零件置于通入氨气的密闭井式渗氮炉内，加热到500 ℃～600 ℃，使氨气分解出氮原子而被工件表面吸收，反应式如下：

$$2NH_3 \rightarrow 3H_2 + 2[N]$$

活性氮原子被工件表面吸收，并向内部逐渐扩散形成渗氮层。

渗氮和渗碳相比，有如下特点：

（1）氮化层具有较高的硬度和耐磨性，因而氮化后不用淬火即可得到高硬度。如38CrMoAl 氮化层硬度高达1 000 HV以上（相当于69～72 HRC），而且在600 ℃左右时，硬度无明显下降，热硬性高。

（2）氮化温度低，工件变形小。

（3）氮化零件具有很好的耐蚀性，可防止水、蒸汽、碱性溶液的腐蚀。

（4）渗氮层很薄（<0.6～0.7 mm），且精度高，渗氮后若需加工，只能精磨或抛光。

渗氮虽有以上优点，但渗氮层较脆，不能承受冲击力，生产周期较长，成本高。

渗氮前零件须经调质处理，获得回火索氏体组织，以提高心部的性能。对于形状复杂或精度要求较高的零件，在渗氮前精加工后还要进行消除应力的退火，以减少渗氮变形。

渗氮主要用于耐磨性和精度要求很高的精密零件或承受交变载荷的重要零件，以及要求耐热、耐蚀、耐磨的零件，如镗床主轴、高速精密齿轮、高速柴油机曲轴、阀门和压铸模等。

2. 离子渗氮（离子氮化）

离子渗氮是在低于一个大气压的渗氮气氛中，利用工件（阴极）和阳极之间产生的辉光放电进行渗氮的工艺，称为离子渗氮。

离子渗氮的原理如图6-28所示。将需渗氮的工件作阴极，以炉壁接阳极，在真空室中通入氨气，并在阴阳极之间通以高压直流电。在高压电场的作用下，氨气被电离，形成辉光放电。被电离的氮离子以很高的速度轰击工件表面，使工件的表面温度升高（一般为450 ℃～650 ℃），并使氮离子在阴极上夺取电子后还原成氮原子而渗入工件表面，然后经过扩散形成氮化层。

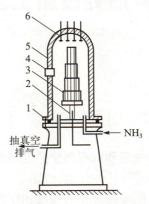

图6-28　离子氮化装置示意图

1—密封橡皮棒；2—阴极；3—工件；4—观察孔；5—真空室外壳；6—阳极

离子渗氮速度快、生产周期短、氮化质量高、工件变形小、对材料的适应性强。碳钢、低合金钢、合金钢、铸铁等均可进行离子渗氮。但对形状复杂或截面相差悬殊的零件，渗氮后很难同时达到相同的硬度和渗氮层深度。另外渗氮设备复杂，操作要求严格。

6.8.3　碳氮共渗

碳氮共渗是指在奥氏体状态下，向零件表面同时渗入碳原子和氮原子，并以渗碳为主的化学热处理工艺。其主要目的是提高工件表面的疲劳强度和表面硬度与耐磨性。

目前生产上常用的是气体碳氮共渗。气体碳氮共渗的介质实际上就是渗碳和渗氮用的混合气体，常用的是向炉中滴入煤油和通氨气。碳氮共渗的温度为820 ℃～870 ℃，共渗层表面含碳量为0.7%～1%，含氮量为0.15%～0.5%。

与渗碳一样，碳氮共渗后需进行淬火及低温回火，热处理后表层组织为含碳、氮的马氏体及呈细小分布的碳氮化合物，提高了表面硬度及耐磨性。碳氮共渗温度低，晶粒不易长大，可直接进行淬火。由于氮原子的渗入，使共渗层淬透性提高，油冷即可淬硬，减少了工件的变形与开裂。共渗层比渗碳层具有较高的耐磨性、耐蚀性和疲劳强度，比渗氮层具有较高的抗压强度。目前生产中常用来处理低碳及中碳结构钢零件，如汽车和机床上的各类齿轮、蜗杆和轴类零件等。

6.8.4　其他化学热处理

根据使用要求不同，工件还可以采用其他化学热处理方法，如渗铝可提高零件的抗高温氧化性；渗硼可提高零件的耐磨性、硬度及耐蚀性；渗铬可提高零件的抗腐蚀、抗高温氧化及耐磨性等。

钢的化学热处理已从单元素渗发展到多元素复合渗，使之具有综合的优良性能。例如硫、氮、硼三元共渗，铬、钼、硅共渗等。

6.9 热处理新工艺简介

6.9.1 形变热处理

形变热处理是一种把塑性变形与热处理有机结合的新工艺，可达到形变强化和相变强化的综合效果，因而能显著地提高钢的力学性能。

形变热处理可分为高温形变热处理和低温形变热处理两种。

高温形变热处理是将工件加热到奥氏体化温度以上，保温后进行塑性变形，然后立即淬火、回火。高温形变热处理，不仅能提高材料的强度和硬度，还能显著提高其韧性，取得强韧化的效果。这种工艺可用于加工量不大的锻件或轧制件。利用锻造或轧制的余热直接淬火，不仅提高了零件的强度，改善了塑性、韧性和疲劳强度，还可简化工艺，降低成本。

低温形变热处理是将钢奥氏体化后，急速冷却到过冷奥氏体孕育期最长的温度区间（500～600 ℃之间）进行塑性变形，然后淬火并立即回火。这种热处理可在保持塑性和韧性不降低的条件下，大幅度提高钢的强度和抗磨损能力。主要用于要求强度极高的零件，如高速钢刀具、飞机起落架等。

6.9.2 激光热处理

激光热处理是利用激光束的高能量快速加热工件表面，然后依靠零件本身的导热性冷却而使其淬火，目前使用最多的是 CO_2 激光。同高频感应加热淬火相比，激光淬火后得到的淬硬层是极细的马氏体组织，因此比高频感应加热淬火具有更高的硬度、耐磨性及疲劳强度。激光淬火后工件变形量非常小，仅为高频感应加热淬火时的 1/3～1/10，解决了易变形件的淬火问题。

6.9.3 真空热处理

真空热处理是将工件置于 1.33～0.013 3 Pa 真空度的真空介质中加热。真空热处理可防止零件的氧化与脱碳，使零件表面氧化物、油脂迅速分解，而得到光亮的表面。真空热处理还真有脱气作用，使钢中 H，N 及氧化物分解逸出，并可减小工件的变形。真空热处理不仅可用于真空退火和真空淬火，还可用于真空化学热处理，如真空渗碳等。

6.9.4 保护气氛热处理

在热处理时，由于炉内存在氧化气氛，使钢的表面氧化与脱碳，严重降低了钢的表面质量和力学性能，所以对一些重要零部件（如飞机零部件）要采用无氧化加热，一般是在炉内通入高纯度的中性气体氮气或氩气等保护气体。

6.10　零件的热处理

热处理是机械制造过程中的重要工序，正确理解热处理的技术条件，合理安排热处理工艺在整个加工过程中的位置，对于改善钢的切削加工性能，保证零件的质量，满足使用要求，具有重要的意义。

6.10.1　热处理的技术条件

工件在热处理后的组织应当达到的力学性能、精度和工艺性能等要求，统称为热处理技术条件。热处理的技术条件是根据零件工作特性提出的。一般零件均以硬度作为热处理技术条件；对渗碳零件应标注渗碳层深度，对某些性能要求较高的零件还须标注力学性能指标或金相组织要求。

标注热处理技术条件时，可用文字在零件图样上扼要说明，也可用附录1所规定的热处理工艺代号来表示。

6.10.2　热处理的工序位置

零件的加工是沿一定的工艺路线进行的，合理安排热处理的工序位置，对于保证零件质量，改善切削加工性能具有重要意义。根据热处理的目的和工序位置的不同，热处理可分为预备热处理和最终热处理两大类，两者工序位置安排的一般规律如下：

1. 预备热处理

预备热处理包括退火、正火、调质等。退火、正火的工序位置通常安排在毛坯生产之后、切削加工之前，以消除毛坯的内应力，均匀组织，改善切削加工性，并为以后的热处理作组织准备。对于精密零件，为了消除切削加工的残余应力，在半精加工以后还安排去应力退火。调质工序一般安排在粗加工之后、精加工或半精加工之前，目的是获得良好的综合力学性能，为以后的热处理作组织准备。调质一般不安排在粗加工之前，以免表面调质层在粗加工时大部分被切削，失去调质处理的作用。这一点对于淬透性差的碳钢零件尤为重要。

2. 最终热处理

最终热处理包括淬火、回火及表面热处理等。零件经这类热处理后，获得所需的使用性能。因其硬度较高，除磨削外，不宜进行其他形式的切削加工，故其工序位置一般安排在半精加工之后。

有些零件性能要求不高，在毛坯时进行退火、正火或调质即可满足要求，这时退火、正火和调质也可作为最终热处理。

6.10.3 典型零件的热处理分析

1. 齿轮

如图 6-29 是汽车变速齿轮示意图。经过对齿轮的结构及工作条件的分析确定：该齿轮选用 20CrMnTi 的锻件毛坯，热处理技术条件如下：

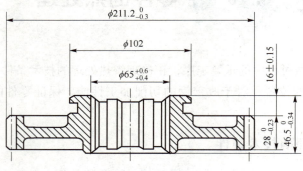

图 6-29　汽车变速齿轮

齿面渗碳层深度：0.8～1.3 mm。

齿面硬度为 58～62 HRC，心部硬度为 33～48 HRC。

生产过程中，齿轮加工工艺路线如下：

备料→锻造→正火→机械加工→渗碳→淬火、低温回火→喷丸→校正花键孔→磨齿。

热处理工序分析如下：

（1）正火。主要是为了消除毛坯的内应力，降低硬度，以改善切削加工性能，同时均匀组织，细化晶粒，为以后的热处理作组织上的准备。

（2）渗碳。为了保证齿面的含碳量及渗碳层深度的要求。渗碳应安排在齿形加工之后进行，具体工艺根据热处理技术条件加以确定。

（3）淬火及低温回火。渗碳后，表面含碳量提高了，但必须进行淬火及低温回火才能提高硬度。由于 20CrMnTi 是合金渗碳钢，淬透性好，且 Ti 的细化晶粒作用强，所以渗碳后可以直接淬火及低温回火。热处理后表面硬度可达 58～62 HRC；心部可得到低碳马氏体，具有较高的强度和韧性，硬度达 33～48 HRC。

2. 车床主轴

如图 6-30 是车床主轴示意图。经对主轴的结构及工作条件分析后确定，该轴选用 45 钢的锻件毛坯，热处理技术条件如下：

整体调质后硬度为 220～250 HBS；

内锥孔和外锥体硬度为 45～48 HRC；

花键齿廓部分硬度为 48～53 HRC。

生产过程中，主轴的加工工艺路线为：

备料→锻造→正火→机械粗加工→调质→机械半精加工→锥孔及外锥体的局部淬火、回火→粗磨（外圆、锥孔、外锥体）→铣花键、花键淬火、回火→精磨（外圆、锥孔、外锥体）。

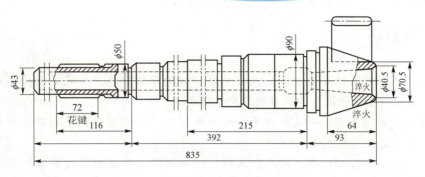

图 6-30　车床主轴

其中正火、调质属于预备热处理，锥孔及外锥体的局部淬火、回火属于最终热处理。它们的作用如下：

（1）正火。主要是为了消除毛坯的锻造应力，降低硬度以改善切削加工性，同时均匀组织，细化晶粒，为以后的热处理作组织准备。

（2）调质。主要是使主轴具有高的综合力学性能，经淬火及高温回火后，其硬度应达到 220～250 HBS。

（3）淬火。锥孔、外锥体及花键部分的淬火是为了获得所要求的表面硬度。锥孔和外锥体部分可采用盐浴快速加热并水淬，经回火后，其硬度应达 45～48 HRC。花键部分可采用高频加热淬火，以减小变形，经回火后，表面硬度应达 48～53 HRC。为了减小变形，锥部淬火应与花键淬火分开进行。锥部淬火及回火后，用粗磨纠正淬火变形，然后再进行花键的加工与淬火。最后用精磨消除总的变形，从而保证主轴的装配质量。

知识拓展

淬火零件出现的硬度不均匀叫软点，与硬度不足的主要区别是在零件表面上硬度有明显的忽高忽低现象，这种缺陷是由于原始组织过于粗大不均匀，（如有严重的组织偏析，存在大块状碳化物或大块自由铁素体）淬火介质被污染，零件表面有氧化皮或零件在淬火液中未能适当的运动，致使局部地区形成蒸气膜阻碍了冷却等因素，通过晶相分析并研解工艺执行情况，可以进一步判明究竟是什么原因造成废品。

先导案例解决

汽车变速箱二轴在工作中发生多起断裂事故。采用金相检验、扫描电镜和化学成分分析等手段，对断裂变速箱二轴进行了检验分析。结果表明，轴的断口具有明显的疲劳特征，疲劳源位于二轴花键槽根部。由于渗碳淬火工艺不当，在二轴花键槽根部的组织中产生了网状碳化物和粗大的针状马氏体，在外力作用下形成沿晶显微裂纹并扩展，是导致二轴疲劳断裂的主要原因。

生产学习经验

1. 裂纹是不可补救的淬火缺陷，只有采取积极的预防措施，如减小和控制淬火应力方向分布，同时控制原材料质量和正确的结构设计等。

2. 淬火回火后硬度不足一般是由于淬火加热不足，表面脱碳，在高碳合金钢中淬火残余奥氏体过多，或回火不足造成的。

3. 过热导致淬火后形成粗大的马氏体组织，导致淬火裂纹形成或严重降低淬火件的冲击韧度，极易发生沿晶断裂，应当正确选择淬火加热温度，适当缩短保温时间，并严格控制炉温加以防止，出现的过热组织如有足够的加工余量，可以重新退火细化晶粒，再次淬火返修。

4. 零件加热过程中，若不进行表面防护，将发生氧化脱碳等缺陷，其后果是表面淬硬性降低，达不到技术要求，或在零件表面形成网状裂纹，并严重降低零件外观质量，加大零件粗糙度，甚至超差，所以精加工零件淬火加热需要在保护气氛下或盐浴炉内进行，小批量可采用防氧化表面涂层加以防护。

本章小结

本章的重点是钢的退火、正火、淬火、回火及表面热处理的目的、方法和应用。使学生了解加热后的钢在不同的冷却速度下冷却，得到不同的组织及性能的一般规律，在教学中有一定的难度，因而既是本章的重点，也是本章的难点。在教学中，如不具备实验条件，可组织学生到热处理车间参观，应加强直观性教学。

思 考 题

将直径为 1 mm 左右的钢丝两端，放在酒精灯上加热到一定温度，然后分别放在水中和空气中冷却，观察钢丝两端性能的差别：一端一折就断，另一端可以卷成圆圈而不断。为什么同一钢丝会产生两种不同的结果呢？

习 题

1. 解释下列名词：淬透性，淬硬性，调质处理。

2. 何谓钢的热处理？热处理在机械制造业中有何意义？

3. 说明共析钢加热时奥氏体形成的几个阶段。

4. 以共析钢为例，说明将其奥氏体化后立即随炉冷却、空气中冷却、油中冷却和水中冷却各会得到什么组织？其力学性能有何差异？

5. 马氏体转变有何特点？含碳量不同时马氏体的组织形态和力学性能有哪些差别？

6. 什么叫退火？主要目的是什么？生产中常用的退火方法有哪几种？

7. 指出完全退火和球化退火的应用范围，为什么过共析钢必须采用球化退火而不能采用完全退火？

8. 什么叫正火？钢件正火和退火后组织和性能上有何差异？

9. 什么叫淬火？淬火的目的是什么？

10. 淬火应力是如何产生的，如何减小淬火时的变形？

11. 什么叫回火？淬火钢回火时组织和性能如何变化？

12. 分析以下几种说法是否正确？为什么？

（1）过冷奥氏体的冷却速度越快，钢冷却后的硬度越高。

（2）钢经淬火后处于硬脆状态。

（3）钢中合金元素越多，则淬火后硬度就越高。

（4）本质细晶粒钢加热后的实际晶粒一定比本质粗晶粒钢细。

（5）同一种钢材在相同的加热条件下，水淬比油淬的淬透性好，小件比大件的淬透性好。

13. 什么叫表面热处理？表面热处理如何分类？

第 7 章

合 金 钢

【本章知识点】

1. 了解合金元素在钢中的作用。
2. 掌握常用合金钢的牌号、性能、主要用途及常用的热处理方法。

先导案例

某空气压缩机曲轴，采用合金钢，在锁紧安装过程中发生断裂。曲轴的热处理工艺为整体淬硬，低温回火，回火后表面洛氏硬度要求49～54 HRC，心部硬度要求大于等于25 HRC。组织以马氏体为主，贝氏体不大于14%。曲轴断裂的原因是什么呢？

合金钢就是在碳钢的基础上，为了改善钢的性能，在冶炼时有目的地加入一种或数种合金元素的钢。这类钢中除含有硅、锰、硫、磷外，还根据钢种要求向钢中加入一定数量的合金元素，如铬、镍、钼、钨、钒、钴、硼、铝、钛及稀土等合金元素。加入合金元素的目的是为了提高钢的某些性能，如耐热、耐腐蚀、高磁性、无磁性、耐磨等。因此，随着现代工业技术的发展，合金钢在机械制造业中获得了广泛的应用。

7.1 合金元素在钢中的主要作用

合金元素在钢中的作用是非常复杂的，它对钢的组织和性能的影响主要有以下几方面：

1. 强化铁素体

大多数合金元素（除铅外）都能溶于铁素体，形成合金铁素体，产生固溶强化作用，使铁素体的强度、硬度提高，塑性和韧性下降。合金元素对铁素体韧性的影响与它们的含量有关，例如$w(Si)<1.00\%$，$w(Mn)<1.50\%$时铁素体韧性没有下降，当含量超过此值时韧性则有下降的趋势，而铬和镍在适当范围内（$w(Cr)\leq 2.0\%$，$w(Ni)\leq 5.0\%$）可使铁素体的韧性提高。

2. 形成合金碳化物

铬、钼、钨、锰等元素与碳能形成碳化物，提高钢的硬度和耐磨性。根据合金元素与碳的亲和力的不同，它们在钢中形成的碳化物可分为两类：

（1）合金渗碳体。铬、锰、钼、钨等弱及中强碳化物形成元素一般倾向于形成合金渗碳体，如$(Fe,Mn)_3C$，$(Fe,Cr)_3C$，$(Fe,W)_3C$等。合金渗碳体较渗碳体的稳定性、硬度略有提高。

（2）特殊碳化物。钛、钒等强碳化物形成元素能与碳形成特殊碳化物，如TiC、VC等。特殊碳化物比合金渗碳体具有更高的熔点、硬度和耐磨性，而且更稳定且不易分解，能显著提高钢的强度、硬度和耐磨性。

3. 提高钢的淬透性

加入合金元素可提高钢的淬透性。这是因为所有的合金元素（除钴外）溶解于奥氏体后，均可增加过冷奥氏体的稳定性，推迟其向珠光体的转变，使C曲线右移，从而减小淬火临界冷却速度，提高钢的淬透性。因此，在获得同样淬硬层深度的情况下，可以采用冷却能力较低的淬火介质，以减小形状复杂的零件在淬火时的变形和开裂。在淬火条件相同的条件下，合金钢可获得较深的淬硬层，能使大截面的零件获得均匀一致的组织，从而得到较好的力学性能。钼、锰、铬、镍等是常用的提高淬透性的合金元素。

4. 细化晶粒

几乎所有的合金元素都具有抑制钢在加热时的奥氏体晶粒长大的作用，达到细化晶粒的目的。强碳化物形成元素钒、铌、钛等形成的碳化物，均能强烈地阻碍奥氏体晶粒的长大，使合金钢在热处理后获得比碳钢更细的晶粒。

5. 提高钢的回火稳定性

淬火钢在回火时，抵抗软化的能力称为钢的回火稳定性。大多数合金元素回火时将阻碍马氏体的分解和碳化物的长大。因此和碳钢相比，在相同的回火温度下，合金钢具有更高的硬度和强度。在硬度要求相同的条件下，合金钢可在更高的温度下回火，以充分消除内应力，使韧性更好。高的回火稳定性使钢在较高温度下，仍能保持高硬度和高耐磨性。金属材料在高温下保持高硬度的能力称为热硬性。如高速切削时，刀具温度很高，刀具材料的回火稳定性高，就可以提高刀具的使用寿命，这种性能对一些工具钢具有重要意义。

7.2 合金钢的分类和牌号

7.2.1 合金钢的分类

合金钢的分类方法很多，但最常用的是下面两种分类方法。

1. 按合金元素总含量多少分类

（1）低合金钢：合金元素总含量<5%。
（2）中合金钢：合金元素总含量 5%～10%。
（3）高合金钢：合金元素总含量>10%。

2. 按用途分类

（1）合金结构钢：用于制造工程结构和机械零件的钢。
（2）合金工具钢：用于制造各种量具、刃具、模具等的钢。
（3）特殊性能钢：具有某些特殊物理、化学性能的钢，如不锈钢、耐热钢、耐磨钢等。

7.2.2 合金钢的牌号

1. 合金结构钢的牌号

合金结构钢的牌号采用"两位数字+元素符号（或汉字）+数字"表示。前面两位数字表示钢的平均含碳量的万分数；元素符号（或汉字）表明钢中含有的主要合金元素；后面的数字表示该元素的含量。合金元素含量小于 1.5% 时不标，平均含量为 1.5%～2.5%，2.5%～3.5%，…时，则相应以 2，3，…标出。

如：16Mn 钢为平均含碳量为 0.16%，主要合金元素为锰，其含量在 1.5% 以下的合金结构钢。

60Si2Mn 钢为平均含碳量为 0.60%、平均含硅量为 2%、合金元素锰含量小于 1.5% 的合金结构钢。

2. 合金工具钢的牌号

合金工具钢的牌号采用"一位数字+元素符号（或汉字）+数字"表示。合金工具钢用一位数字表示平均含碳量的千分数，当含碳量大于等于 1.0% 时，则不予标出，其余牌号表示方法同合金结构钢。

如 9Mn2V 钢为平均含碳量为 0.90%，主要合金元素锰的含量为 2%，钒的含量小于 1.5% 的合金工具钢。

Cr12MoV 钢为平均含碳量大于等于 1.0%，主要合金元素铬的平均含量为 12%，钼和钒的含量均小于 1.5% 的合金工具钢。

高速钢平均含碳量小于 1.0% 时，其含碳量也不予标出。如 W18Cr4V 钢的平均含碳量为 0.7%～0.8%，其含碳量不予标出。

3. 特殊性能钢的牌号

特殊性能钢的牌号表示方法与合金工具钢相同。当含碳量为 0.03%～0.10% 时，含碳量用 0 表示；含碳量小于等于 0.03% 时，用 00 表示。

如 1Cr13 钢表示含碳量为 0.10%，平均含铬量为 13% 的不锈钢。0Cr18Ni9 钢的平均含碳量为 0.03%～0.10%，00Cr30Mo2 钢的平均含碳量小于 0.03%。

还有一些特殊专用钢，在钢的牌号前面冠以汉语拼音字母字头，表示钢的用途，而不标含碳量，合金元素含量的标注也和上述有所不同。

例如滚动轴承钢前面标"G"（"滚"字的汉语拼音字母字头），如 GCr15。这里应注意铬元素后面的数字是表示含铬量千分数，其他元素仍按百分数表示。

7.3　合金结构钢

合金结构钢，按用途的不同，可以分为低合金结构钢和机械制造用钢两类。低合金结构钢按性能及使用特性又可分为低合金高强度结构钢、低合金耐候钢及低合金专业用钢等。机械制造用钢按照用途及热处理特点又可分为渗碳钢、调质钢、弹簧钢、滚动轴承钢等。

7.3.1　低合金结构钢

低合金结构钢是在碳素结构钢的基础上，加入少量的合金元素（合金元素总量小于 3%）的工程用钢。低合金结构钢主要用于各种工程结构，如桥梁、建筑、船舶等。

1. 低合金高强度结构钢

低合金高强度结构钢的含碳量较低（一般在 0.10%～0.25% 范围内），加入的主要合金元素是锰、钒、铌和钛等。加入这些合金元素，可提高钢的屈服点、抗拉强度。这类钢不仅比相同含碳量的碳素结构钢的强度高，且有良好的塑性、韧性、耐蚀性和焊接性。广泛用来制造桥梁、船舶、车辆、高压容器、起重机械、大型焊接结构件等。

低合金高强度结构钢的牌号由屈服点的汉语拼音字母"Q"+屈服点数值+质量等级符号组成。例如 Q390-A，表示屈服点为 390 MPa，质量等级为 A 级的低合金高强度结构钢。

低合金高强度结构钢大多在热轧、正火状态下供应，使用时一般不再进行热处理。

常用的低合金高强度结构钢的牌号、力学性能和应用见表 7-1。

表 7-1　低合金高强度结构钢的牌号、力学性能和应用

牌号	σ_S/MPa	σ_b/MPa	δ_5/%	特性及应用举例
Q295	235～295	390～570	23	韧性、塑性，冷弯性、焊接性及冲压成形性能均良好，一般在热轧或正火状态下使用。适用于制作各种容器、车辆用冲压件、储油罐等
Q345	275～345	470～630	21	具有良好的综合力学性能，塑性和焊接性良好，冲击韧性较好，一般在热轧或正火状态下使用。适用于制作桥梁、船舶、车辆、管道、锅炉、各种容器等构件
Q390	330～390	490～650	19	具有良好的综合力学性能，焊接性和冲击韧性较好，一般在热轧状态下使用。适用于制作锅炉汽包、中高压石油化工容器、桥梁、船舶、起重机等
Q420	360～420	520～680	18	具有良好的综合力学性能，优良的低温韧性，焊接性好，冷热加工性良好，一般在热轧或正火状态下使用。适用于制作高压容器、重型机械及其他大型焊接结构件

2. 低合金耐候钢

耐候钢是在低碳钢的基础上加入少量的合金元素，如铜、磷、钼、钛等合金元素，使其在金属表面形成保护层，以提高钢材的耐腐蚀性，也称为耐大气腐蚀钢。适用于车辆、建筑、塔架和其他要求高耐候性的钢结构。

3. 低合金专业用钢

在低合金高强度结构钢的基础上发展了一些专门用途的低合金专业用钢，如铁道用低合金钢、低合金钢筋钢、矿用低合金钢、汽车用低合金钢等。可对此类钢的化学成分作相应的调整来满足不同使用性能要求。

7.3.2　合金渗碳钢

合金渗碳钢的含碳量在 0.10%～0.25%，心部有足够的塑性和韧性。加入铬、锰、镍、硼等合金元素可提高钢的淬透性，使零件在热处理后，表层和心部均得到强化；加入钒、钛

等合金元素，可细化晶粒，防止高温渗碳过程中晶粒长大。

20CrMnTi 是最常用的合金渗碳钢。合金渗碳钢是用来制造既有优良的耐磨性、耐疲劳性，又能承受冲击载荷的作用的零件，如汽车中的变速齿轮、内燃机中的凸轮等。

合金渗碳钢的热处理，一般是渗碳后淬火、低温回火。

常用合金渗碳钢的牌号、力学性能和用途见表 7-2。

表 7-2　常用合金渗碳钢的牌号、力学性能和应用举例（摘自 GB 3077—1988）

牌号	毛坯尺寸/mm	σ_b/MPa	σ_S/MPa	δ_5/%	ψ/%	A_K/J	用途举例
20Cr	15	835	540	10	40	47	制作截面规格在 30 mm 以下负荷不大的渗碳件，如齿轮轴、凸轮、活塞销等
20Mn2B	15	980	785	10	45	55	可代替 20Cr 钢，制作机床上轴套、齿轮、离合器、转向滚轮等
20CrMnTi	15	1 080	835	10	45	55	制作截面规格 30 mm 以下的中或重负荷的渗碳件，如汽车齿轮、轴、爪形离合器、蜗杆等
20MnVB	15	1 080	885	10	45	55	可代替 20CrMnTi 等，用于制作负荷较重的中小型渗碳件
20Cr2Ni4	15	1 175	1 080	10	45	63	用于大型、高强度的重要渗碳件，如大型齿轮、轴、曲轴、活塞销等。也可用于制作调质件，如重型机器连杆、齿轮、曲轴、螺栓等
18Cr2～Ni4WA	15	1 175	835	10	45	78	

注：表中力学性能为经热处理（淬火、回火）后的性能。

7.3.3　合金调质钢

合金调质钢的含碳量一般为 0.25%～0.50%，含碳量过低，硬度不足；含碳量过高，则韧性不足。它既要求有很高的强度，又要有很好的塑性和韧性。调质处理后零件具有良好的综合力学性能，可用来制造一些受力复杂的重要零件。

加入少量铬、锰、硅、镍等合金元素可增加合金调质钢的淬透性；加入少量钼、钒、钨等碳化物形成元素，可细化晶粒，提高钢的回火稳定性。

合金调质钢的热处理工艺是调质处理后获得回火索氏体组织，使零件具有良好的综合力学性能。若要求零件表面有很高的耐磨性，可在调质后再进行表面淬火或化学热处理。40Cr

钢是最常用的合金调质钢。

常用合金调质钢的牌号、力学性能、热处理及用途见表7-3。

表7-3 常用合金调质钢的牌号、热处理规范、力学性能及应用举例

钢号	试样尺寸/mm	热处理温度/℃		力学性能						应用举例
		淬火（介质）	回火（介质）	σ_b/MPa	σ_s/MPa	δ_5/%	ψ/%	A_K/J	HBS 不大于	
40Cr	25	850（油）	520（水、油）	980	785	9	45	79	207	制作受中等载荷、中速的零件，如机床主轴、齿轮、连杆、螺栓等
40MnB	25	850（油）	500（水、油）	980	785	10	45	47	207	代替40Cr制作中小截面调质件，如机床主轴、齿轮、汽车半轴
40MnVB	25	850（油）	520（水、油）	980	785	10	45	47	207	
35CrMo	25	850（油）	550（水、油）	980	835	12	45	63	229	用于高载荷下工作的重要结构件，如主轴、曲轴、锤杆等
40CrNi	25	820（油）	500（水、油）	980	785	10	45	55	241	制作截面较大、载荷较重的零件，如轴、连杆、齿轮轴
38Cr～MoAl	30	940（油、水）	640（水、油）	980	835	14	50	71	229	氮化用钢，用于磨床主轴、精密丝杆、精密齿轮、高压阀门等
40Cr～MnMo	25	850（油）	600（水、油）	980	785	10	45	63	217	用于大截面、高强度、高韧性的调质件，如齿轮、连杆及汽轮机件

7.3.4 合金弹簧钢

弹簧是各种机器和仪表中的重要零件，弹簧的材料应具有高的强度、高的疲劳极限、足

够的塑性和韧性。

合金弹簧钢含碳量一般为 0.45%～0.70%。加入硅、锰主要是提高钢的淬透性，同时也提高钢的弹性极限。其中硅能显著提高钢的弹性极限，但硅的含量过高易使钢在加热时脱碳，锰元素的含量过高则钢易于过热。因此，重要用途的弹簧钢必须加入铬、钒、钨等。它们不仅可提高钢的淬透性，不易过热，而且有更高的高温强度和韧性。

根据加工方法不同，弹簧可分为两类：

（1）热成形弹簧。一般用于直径大于 10～15 mm 的大型弹簧或形状复杂的弹簧。弹簧经热成形后必须进行淬火和中温回火，以获得高的弹性极限和疲劳极限。热处理后的弹簧往往还要进行喷丸处理，使表面产生硬化层，并形成残余压应力，以提高弹簧的抗疲劳性能，从而提高弹簧的寿命。通过喷丸处理还能消除或减轻弹簧表面的裂纹、划痕、氧化、脱碳等缺陷的影响。

（2）冷成形弹簧。冷成形弹簧一般用于小型弹簧，采用冷拉弹簧钢丝冷绕成形。由于这类弹簧钢丝在生产过程中产生加工硬化，屈服点和弹性极限都很高，所以冷绕成形后，只需作 250 ℃～300 ℃ 的去应力退火，以消除在冷绕过程中产生的应力，并使弹簧定型。

60Si2Mn 是应用较广泛的合金弹簧钢，常用弹簧钢的牌号、化学成分、热处理、力学性能如表 7-4 所示。

表 7-4　常用合金弹簧钢的牌号、化学成分、热处理、力学性能

牌号	w/%					热处理温度/℃		力学性能			
	w(C)	w(Si)	w(Mn)	w(Cr)	w(V)	淬火	回火	σ_s/MPa	σ_b/MPa	δ_{10}/%	ψ/%
								不小于			
55Si2Mn	0.52～0.60	1.50～2.00	0.60～0.90	≤0.35		870（油）	480	1 200	1 300	6	30
60Si2Mn	0.56～0.64	1.50～2.00	0.60～0.90	≤0.35		870（油）	480	1 200	1 300	5	25
50CrVA	0.46～0.54	0.17～0.37	0.50～0.80	0.80～1.10	0.10～0.20	850（油）	500	1 150	1 300	(δ_5) 10	40
60Si2CrVA	0.56～0.64	1.40～1.80	0.40～0.70	0.90～1.20	0.10～0.20	850（油）	410	1 700	1 900	(δ_5) 6	20

7.3.5　滚动轴承钢

滚动轴承钢

轴承钢应用最广的是高碳铬钢，其含碳量 0.95%～1.15%，含铬量 0.40%～1.65%。加入合金元素铬是为了提高淬透性，提高钢的硬度、接触疲劳强度和耐磨性。制造大型轴承时，为了进一步提高淬透性，还可以加入硅、锰等元素。滚动轴承钢对有害元素、非金属夹杂物及杂质的限制极高，否则会降低轴承钢的力学性能。轴承钢都是高级优质钢。

滚动轴承钢的预备热处理是球化退火，可获得球状珠光体组织，以降低锻造后钢的硬度，便于切削加工，并为淬火作好组织上的准备。最终热处理为淬火加低温回火，可获得极细的回火马氏体和细小均匀分布的碳化物组织，以提高轴承的硬度和耐磨性。

GCr15、GCr15SiMn 是目前应用最多的滚动轴承钢，用来制造各种轴承的内外圈及滚动体（滚珠、滚柱、滚针）。由于滚动轴承钢的化学成分和主要性能与低合金工具钢相近，也可用来制造各种工具和耐磨零件。故一般工厂可用它来制造刀具、冷冲模及性能与滚动轴承相似的耐磨零件。

常用滚动轴承钢的牌号、化学成分、热处理如表 7-5 所示。

表 7-5　常用滚动轴承钢的牌号、化学成分、热处理

牌号	w/%				热处理温度/℃		回火后硬度/HRC
	w(C)	w(Cr)	w(Si)	w(Mn)	淬火	回火	
GCr6	1.05～1.15	0.40～0.70	0.15～0.35	0.20～0.40	800～820（水、油）	150～170	62～64
GCr9	1.00～1.10	0.90～1.20	0.15～0.35	0.20～0.40	800～820（水、油）	150～170	62～66
GCr9SiMn	1.00～1.10	0.90～1.20	0.40～0.70	0.90～1.20	810～830（水、油）	150～160	62～64
GCr15	0.95～1.05	1.30～1.65	0.15～0.35	0.20～0.40	820～840（油）	150～160	62～64
GCr15SiMn	0.95～1.05	1.30～1.65	0.45～0.65	0.90～1.20	810～830（油）	150～200	61～65

7.4　合金工具钢

合金工具钢按用途可分为刃具钢、量具钢和模具钢。与碳素工具钢相比，合金工具钢具有更好的淬透性、耐磨性，且热处理变形小。因此，尺寸大、精度高和形状复杂的模具、量具以及切削速度较高的刀具都应采用合金工具钢制造。

7.4.1　合金刃具钢

合金刃具钢主要用来制作车刀、铣刀、钻头等各种金属切削刀具。刃具工作时，刃部与切屑、毛坯产生强烈摩擦并产生高温，同时刃具还承受冲击和振动，因此，刃具钢要求高硬度、高耐磨性、高热硬性及足够的强度和韧性等。

合金刃具钢分为低合金刃具钢和高速钢两种。

1. 低合金刃具钢

低合金刃具钢是在碳素工具钢的基础上加入少量合金元素的钢。主要加入铬、锰、硅等元素，其目的是提高钢的淬透性及强度。加入钨、钒等强碳化物形成元素，可提高钢的硬度和耐磨性，防止加热时过热，保持晶粒细小。

锉刀

丝锥

115

低合金刃具钢的预备热处理是球化退火，最终热处理为淬火后加低温回火。与碳素工具钢相比，低合金刃具钢具有更好的耐磨性、耐热性和淬透性，且热处理变形小。

低合金刃具钢主要应用于300 ℃以下、截面尺寸较大、形状复杂、低速切削的刃具及冷作模具和量具等。

9SiCr 和 CrWMn 是最常用的低合金刃具钢。

9SiCr 钢具有较高的淬透性和回火稳定性，热硬性可达 300 ℃～350 ℃。主要制造变形小的细薄低速切削刀具，如丝锥、板牙、铰刀等。

CrWMn 钢具有很高的硬度（64～66 HRC）和耐磨性，CrWMn 钢热处理后变形小，又称微变形钢，主要用来制造较精密的低速刀具，如长铰刀、拉刀等。

常用低合金刃具钢的牌号、化学成分、热处理如表 7-6 所示。

表 7-6 常用低合金刃具钢的牌号、化学成分、热处理

牌号	w/%					热处理				
	w(C)	w(Cr)	w(Si)	w(Mn)	其他	淬火			回火	
						温度/℃	介质	HRC（不小于）	温度/℃	HRC
9SiCr	0.85～0.95	0.95～1.25	1.20～1.60	0.30～0.60		820～860	油	62	180～200	60～62
8MnSi	0.75～0.85	—	0.30～0.60	0.80～1.10		800～820	油	60	180～200	58～60
9Mn2V	0.85～0.95	—	≤0.4	1.70～2.00	w(V)0.10～0.25	780～810	油	62	150～200	60～62
CrWMn	0.90～1.05	0.90～1.20	0.15～0.35	0.80～1.10	w(W)1.20～1.60	800～830	油	62	140～160	62～65

2. 高速钢

高速钢是含有较多的碳（0.7%～1.50%）和大量的钨、铬、钒、钼等强碳化物形成元素的高合金工具钢。

高的含碳量可形成足够量的合金碳化物，使高速钢具有高的硬度和耐磨性；钨、钼可提高钢的热硬性；铬可提高钢的淬透性；钒能显著提高钢的硬度、耐磨性和热硬性，并能细化晶粒。高速钢是一种具有高热硬性、高耐磨性的高合金工具钢。

由于高速钢中的合金元素含量高，其导热性很差，淬火温度又很高，所以淬火时必须进行一次预热（800 ℃～850 ℃）或两次预热（500 ℃～600 ℃，800 ℃～850 ℃）。高速钢中含有大量的钨、钼、钒、铬等难熔碳化物，它们只有在 1 200 ℃以上才能大量溶入奥氏体中。因此，高速钢的淬火温度一般为 1 220 ℃～1 280 ℃，以保证淬火、回火后获得高的热硬性。高速钢空冷可得马氏体组织，但冷却太慢时会自奥氏体中析出碳化物，降低钢的热硬性，所以常采用油冷。高速钢淬火后必须在 550 ℃～570 ℃温度下进行多次回火（一般二次或三次）。此时由马氏体中析出极细碳化物，并使残余奥氏体转变成回火马氏体，进一步提高了钢的硬度和耐磨性，使钢的硬度达到较高值。高速钢经淬火及回火

后的组织是含有较多合金元素的回火马氏体、均匀分布的细颗粒状合金碳化物（如 VC，W_2C，Fe_4W_2C）及少量残余奥氏体，硬度可达 63～66 HRC。高速钢热处理工艺曲线如图 7-1 所示。

高速钢的热硬性可达 600 ℃，切削时能长期保持刃口锋利，故又称锋钢。高速钢是具有高热硬性、高耐磨性和足够强度的高合金工具钢，常用于制造切削速度较高的刀具和形状复杂、载荷较大的成形刀具，如车刀、铣刀、钻头、拉刀等。高速钢还可用于制造冷挤压模及某些耐磨零件。

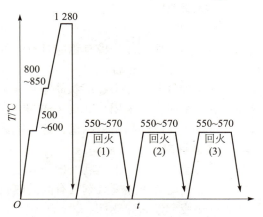

图 7-1　W18Cr4V 高速钢的热处理工艺曲线

W18Cr4V 钢是发展最早、应用广泛的高速钢。其热硬性高，过热和脱碳倾向小，但碳化物较粗大，韧性较差。主要用来制作中速切削刀具或结构复杂的低速切削刀具（如拉刀、齿轮刀具等）。

常用高速钢的牌号、化学成分和热处理如表 7-7 所示。

表 7-7　常用高速钢的牌号、化学成分和热处理

牌号	w/%						热处理				
							退火		淬火、回火		
	w(C)	w(Cr)	w(W)	w(Mo)	w(V)	其他	温度/℃	HBS	淬火/℃	回火/℃	HRC
W18Cr4V	0.70～0.80	3.80～4.40	17.5～19.0	≤0.30	1.00～1.40		850～870	<255	1 270～1 285	550～570	>63
W18Cr4～VCo5	0.70～0.80	3.75～4.50	17.5～19.0	0.40～1.00	0.80～1.20	w(Co) 4.25～5.75		<269	1 270～1 290	540～560	>63
W6Mo5～Cr4V2	0.80～0.90	3.80～4.40	5.50～6.75	4.50～5.50	1.75～2.20			<255	1 210～1 230	540～560	>64
CW6Mo～5Cr4V2	0.95～1.05	3.80～4.40	5.50～6.75	4.50～5.50	1.75～2.20			<255	1 190～1 210	540～560	>64
W2Mo～9Cr4V2	0.97～1.05	3.50～4.00	1.40～2.10	8.20～9.20	1.75～2.25		840～880	<255	1 190～1 210	540～560	>65
W9Mo～3Cr4V	0.77～0.87	3.80～4.40	8.50～9.50	2.70～3.30	1.30～1.70			<255	1 210～1 230	540～560	>64

7.4.2　合金模具钢

模具钢可分为冷作模具钢和热作模具钢。

1. 冷作模具钢

冷作模具钢用于制造冷冲模、冷挤压模、拉丝模等，工作中要承受很大的压力、冲击载荷和强烈的摩擦。所以冷作模具钢应具有高的硬度、耐磨性、抗疲劳性和一定的韧性。大型模具还要求有良好的淬透性。

小型冷作模具若尺寸小、形状简单可采用 T8、T10A 等碳素工具钢制造；若形状复杂、要求淬火变形小时，应采用 9SiCr、CrWMn 等低合金刃具钢来制造。大型冷作模具一般采用 Cr12，Cr12MoV 等高碳高铬钢制造，这类钢具有高的硬度、强度和耐磨性。

2. 热作模具钢

热作模具是在高温下工作的，如热锻模、热挤压模和压铸模等。这些模具工作时承受很大的冲击力，因此要求热模具钢具有高的热强性和热硬性、高温耐磨性和高的抗氧化性，以及较高的抗热疲劳性和导热性。

热作模具钢一般采用中碳（含碳量=0.3%～0.6%）合金钢制造。含碳量过高会使韧性下降，导热性差；含碳量太低则不能保证钢的强度和硬度。加入合金元素铬、镍、锰、硅等可强化钢的基体和提高钢的淬透性。加入钼、钨、钒等可细化晶粒，可提高钢的回火稳定性和耐磨性。

目前一般采用 5CrMnMo 和 5CrNiMo 钢制作热锻模，采用 3Cr2W8V 钢制作压铸模和热挤压模。为保证热作模具钢具有足够的韧性，其最终热处理是淬火后加中温回火（或高温回火）。

7.4.3 合金量具钢

量具钢是用来制作各种量具（如游标卡尺、量规和样板）的钢。由于量具工作时受到摩擦，易磨损，所以量具的工作部分一般要求高硬度、高耐磨性及良好的尺寸稳定性。

制造量具常用的钢有碳素工具钢、合金工具钢和滚动轴承钢。精度要求较高的量具，一般均采用微变形合金工具钢制造，如 GCr15、CrWMn、CrMn 等。

量具钢经淬火后要在 150 ℃～170 ℃下长时间低温回火，以稳定尺寸。为了保证使用过程中的尺寸稳定性，对精密量具，淬火后还要进行 -70 ℃～-80 ℃ 的冷处理，促使残余奥氏体的转变，然后再进行长时间的低温回火。在精磨后或研磨前，还要进行时效处理（在 120 ℃～150 ℃保温 24～36 h），以进一步消除内应力。

7.5 特殊性能钢

特殊性能钢是具有某些特殊物理、化学性能的钢。在机械制造业中常用的有不锈钢、耐热钢和耐磨钢等。

7.5.1 不锈钢

1. 铬不锈钢

钢中的铬使钢有良好的耐蚀性，而碳则保证钢有适当的强度。随着钢中

不锈钢

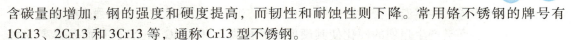

含碳量的增加，钢的强度和硬度提高，而韧性和耐蚀性则下降。常用铬不锈钢的牌号有 1Cr13、2Cr13 和 3Cr13 等，通称 Cr13 型不锈钢。

含碳量较低的 1Cr13 和 2Cr13 钢，塑性和韧性很好，且具有良好的抗大气、海水等介质腐蚀的能力，适用于在腐蚀条件下工作且受冲击载荷的零件，如汽轮机叶片、水压机阀门等。

含碳量较高的 3Cr13、3Cr13Mo、7Cr13 等，经淬火、低温回火后，得到马氏体组织，其硬度可达 50 HRC 左右，用于制造弹簧、轴承、医疗器械及在弱腐蚀条件下工作且要求高强度的零件。

2. 铬镍不锈钢

常用的铬镍不锈钢的牌号有 0Cr19Ni9、1Cr18Ni9 等，通称 18-8 型不锈钢。这类钢含碳量低，含镍量高，经热处理后，呈单相奥氏体组织，无磁性，其耐蚀性、塑性和韧性均较 Cr13 型不锈钢好。

铬镍不锈钢主要用于制造强腐蚀介质（硝酸、磷酸、有机酸及碱水溶液等）中工作的零件，如吸收塔壁、储槽、管道及容器等。

7.5.2　耐热钢

耐热钢是在高温下具有高的抗氧化性能和较高强度的钢。耐热钢可分为抗氧化钢与热强钢两类。

1. 抗氧化钢

抗氧化钢是在高温下有较好的抗氧化能力且具有一定强度的钢。抗氧化钢中加入的合金元素为铬、硅、铝等，它们在钢表面形成致密的、高熔点的、稳定的氧化膜，牢固地覆盖在钢的表面，使钢与高温氧化性气体隔绝，从而避免了钢的进一步氧化。这类钢主要用于制造长期在高温下工作但强度要求不高的零件，如各种加热炉的炉底板、渗碳处理用的渗碳箱等。

常用的抗氧化钢有 4Cr9Si2、1Cr13SiAl 等。

2. 热强钢

热强钢是在高温下具有良好抗氧化能力且具有较高高温强度的钢。在钢中加入铬、钨、钼、钛、钒等合金元素，可提高钢的抗氧化能力和高温下的强度。常用的热强钢有 15CrMo、4Cr14Ni14W2Mo 等。15CrMo 钢是典型的锅炉用钢，可以制造在 300 ℃～500 ℃条件下长期工作的零件。4Cr14Ni14W2Mo 钢可以制造 600 ℃以下工作的零件，如汽轮机叶片、大型发动机排气阀等。

7.5.3　耐磨钢

耐磨钢应具有良好的韧性和耐磨性，主要用于承受严重摩擦和强烈冲击的零件，如车辆履带、破碎机颚板、挖掘机铲斗等。

高锰钢属耐磨钢，牌号为 ZGMn13，含碳量为 0.9%～1.4%，含锰量为 11%～14%，在热处理后具有单相奥氏体组织，是典型的耐磨钢。为了使高锰钢获得单相奥氏体组织，应进行"水韧处理"，即将钢加热到 1 000 ℃～1 100 ℃，保温一定时间，使钢中碳化物全部溶解，然后迅速水淬，在室温下获得均匀单一的奥氏体组织。当在工作中受到强烈的冲击和压力而变形时，表面会产生强烈的硬化使其硬度显著提高（50 HRC 以上），从而获得高的耐磨性，而心部仍保持高的塑性和韧性。

高锰钢极易产生加工硬化，切削加工困难，故高锰钢零件大多采用铸造成形。

知识拓展

单纯的钢铁已无法满足现代工业的复杂需要。1868 年，人们发现了自硬钢。1870 年，有了低铬、低镍结构钢。20 世纪初出现热轧硅钢、高碳铬滚珠轴承钢、高速工具钢。20 世纪 20 年代初电炉炼钢的应用，出现铁素体、马氏体和奥氏体三大不锈钢、耐热钢等。20 世纪 30 年代出现奥氏体-铁素体双相钢、沉淀硬化型不锈钢等。20 世纪 50 年代后，接连出现电站、船舰断裂事故，宇航工业超高强度钢发生低应力爆炸事故，要求发展高强高韧性的超高强度合金钢。在此需求下，美国发展了 HP310 钢和超低碳铁镍马氏体时效钢 AF1410 钢，获得满意的强韧性。为易于断裂的船体、桥梁制造提供了可靠的材料。20 世纪 60 年代以来重视降低合金钢中气体、磷硫铅锑砷锡铋等有害元素，脆性、加工塑性、疲劳、耐蚀、断裂韧性等性能得到改善。真空冶金和炉外精炼技术等的应用，使含氧量低、夹杂物少的超低氧高纯轴承钢、高强度合金钢等研制成功。为了获得良好的韧性和高强度，及高耐腐蚀性能，20 世纪 70 年代以来世界各国发展了微合金化高强度钢、非调质合金钢、铁素体-马氏体双相钢。经过二、三十年的发展，合金钢技术已非常先进，并促进了宇航、原子能、海洋开发、电子、交通运输、机电能源等新兴工业的发展。

先导案例解决

曲轴属于低应力沿晶脆性断裂，热处理不当是造成材料晶界弱化的主要原因。另外，由于材料低温回火后整体硬度很高，相应材料较脆，容易在受到意外冲击力作用时发生脆性断裂。

生产学习经验

1. 不能认为钢中有合金元素就是合金钢（如锰、硅等），合金钢中的合金元素是有意加入的，目的是为了改善钢的性能。
2. 合金钢经热处理后，合金元素在钢中的作用才能充分发挥出来，使其优良性能更为突出。
3. 合金钢淬火时可用冷却能力较弱的淬火剂，甚至空冷也能形成马氏体，这样可以减少工件的变形和开裂倾向。
4. 本章与热处理的关系比较密切，学习前应对有关的热处理概念作必要的复习。

第7章　合金钢

由于合金钢具有良好的性能，合金钢在机械制造业中应用非常广泛。特别是合金钢经热处理后，合金元素在钢中的作用才能充分发挥出来，从而使其优良性能更为突出。为了合理选用合金钢，必须掌握常用合金钢的性能、特点、热处理及用途。

不锈钢产品广泛应用于各行各业，并渐成百姓日常生活用品"主角"，但大多数消费者并不知道其"不锈"的"秘密"。你知道吗？

习　题

1. 何谓合金钢？合金元素在钢中有哪些作用？
2. 合金元素为什么能提高钢的淬透性？淬透性对钢有何影响？
3. 合金元素为什么能提高钢的回火稳定性？回火稳定性高的钢有何优点？
4. 合金钢有哪几种常用的分类方法？
5. 合金工具钢按主要用途可以分为哪几类？
6. 何谓热硬性？
7. 高速钢的主要特性是什么？它的成分和热处理有什么特点？
8. 不锈钢分哪几类？含碳量对不锈钢的性能有何影响？
9. 高锰钢 ZGMn13 为什么耐磨且有很好的韧性？
10. 说明下列各牌号钢属于哪一类钢？其符号和数字所代表的意义是什么？
　　Q215-A　　45　　16Mn　　08F　　T12A　　20CrMnTi　　60Si2Mn　　9SiCr
　　GCr15　　ZGMn13　　W18Cr4V　　1Cr18Ni9

第 8 章
铸　铁

【本章知识点】

1. 了解铸铁的分类。

2. 了解灰铸铁、可锻铸铁、球墨铸铁和蠕墨铸铁的组织及性能。

3. 掌握灰铸铁、可锻铸铁、球墨铸铁和蠕墨铸铁的牌号及主要用途。

先导案例

也许你有这样的经验，把耳朵贴在钢轨上，你能听到远方火车的滚滚车轮声，如果火车轨道是铸铁材料，你还能听到车轮声吗？

早在公元前6世纪春秋时期，我国已开始使用铸铁，比欧洲各国要早将近2000年。到目前为止，在工业生产中铸铁仍然是最重要的材料之一。

铸铁是含碳量大于2.11%（一般为2.5%～4.0%）的铁碳合金。它是以铁、碳、硅为主要组成元素并比碳钢含有较多的锰、硫、磷等杂质的多元合金。有时为了提高铸铁的力学性能或物理、化学性能，还可加入一定量的合金元素，得到合金铸铁。

铸铁的生产工艺和设备简单，成本低，性能良好。与钢相比，铸铁具有优良的铸造性能、切削加工性能、耐磨性、减振性和耐蚀性，并且价格较低，因此广泛应用于机械制造、石油化工、交通运输、基础建设及国防工业等方面。

铸铁中的碳主要以渗碳体和石墨两种形式存在，根据碳在铸铁中存在形式的不同，铸铁可分为：

（1）白口铸铁。碳除少数溶于铁素体外，其余的碳都以渗碳体的形式存在于铸铁中，其断口呈银白色，故称白口铸铁。这类铸铁硬而脆，不易切削加工，故很少直接用于制造机械零件，目前主要用作炼钢原料和生产可锻铸铁的毛坯。

（2）灰口铸铁。碳全部或大部分以片状石墨存在于铸铁中，其断口呈暗灰色，故称灰口铸铁。这是目前在工业上应用最广泛的一类铸铁。

（3）麻口铸铁。碳一部分以石墨形式存在，类似灰口铸铁；另一部分以自由渗碳体形式存在，类似白口铸铁。断口中呈黑白相间的麻点，故称麻口铸铁。这类铸铁也具有较大的脆性，故工业上也很少应用。

根据铸铁中石墨形态不同，铸铁可分为：

（1）灰铸铁。铸铁中石墨呈片状存在。

（2）可锻铸铁。铸铁中石墨呈团絮状存在。它是由一定成分的白口铸铁加热至900 ℃～960 ℃后保温并分阶段石墨化后获得的。其力学性能（特别是韧性和塑性）较灰口铸铁高，故习惯上称为可锻铸铁。

（3）球墨铸铁。铸铁中石墨呈球状存在，它是在铁水浇注前经球化处理后获得的。这类铸铁不仅力学性能比灰口铸铁和可锻铸铁高，生产工艺比可锻铸铁简单，而且还可以通过热处理进一步提高其机械性能，所以在生产中的应用日益广泛。

8.1 铸铁的石墨化

铸铁基体组织的类型是和石墨化的程度分不开的。石墨的晶体结构如图8-1所示，呈六方结晶状排列。同一层上原子间距较小，为 $1.42×10^{-10}$ m，原子以共价键结合并未达到饱和，这使侧面易于吸收碳原子成长速度较快；层与层间距较大，为 $3.45×10^{-10}$ m，原子以较弱的金属键结合，结合力较弱，易于滑移，使其强度和塑性降低。

铸铁中的碳以石墨的形态析出的过程称为石墨化。石墨既可以从液体和奥氏体中析出，也可以通过渗碳体分解来获得（$Fe_3C→3Fe+C$）。灰口铸铁和球墨铸铁中的石墨主要

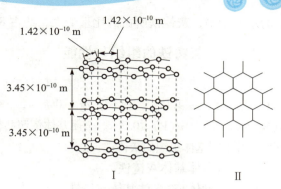

图 8-1　石墨的晶体结构图

是从液体中析出；可锻铸铁中的石墨则完全由白口铸铁经退火后，由渗碳体分解而得到。影响铸铁石墨化的因素较多，其中化学成分和冷却速度是影响石墨化的主要因素。

8.1.1　化学成分的影响

铸铁中的各元素分为促进石墨化和阻碍石墨化两类。碳、硅为强烈促进石墨化的元素。石墨本身就是碳，碳含量的增加可使石墨化时晶核的数量增多，所以促进石墨化。硅能减弱碳和铁的结合力，阻碍渗碳体的析出，从而促进了石墨化。磷也是促进石墨化的元素，但其作用较弱。硫、锰是阻碍石墨化的元素，此外硫还降低铁水的流动性和促进铸件热裂，降低了铸铁的铸造性能和力学性能。

8.1.2　冷却速度的影响

在生产过程中，铸铁的冷却速度越缓慢，或在高温下保温时间越长，越有利于碳原子扩散，石墨化过程越充分，结晶出的石墨又多又大；冷却速度快，碳原子来不及扩散，石墨化难以充分进行，甚至出现白口铸铁组织。

在其他条件一定的情况下，冷却速度与铸件的壁厚有关，壁厚越大，冷却速度越小，越有利于石墨化。一般砂型铸造条件下铸铁的化学成分和冷却速度（铸件壁厚）与铸铁组织的关系如图 8-2 所示。

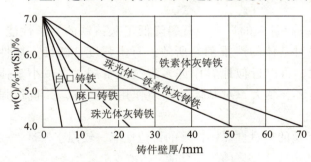

图 8-2　铸件的化学成分和冷却速度（铸件壁厚）对铸铁组织的影响

8.2　灰　铸　铁

灰铸铁（或称灰口铸铁）是石墨呈片状分布的铸铁，它是应用最广的一类铸铁。在各类铸

铁的总产量中，灰铸铁所占的比重最大，约占80%以上。

8.2.1 灰铸铁的组织与性能

灰铸铁的组织是由片状石墨和金属基体所组成的，其化学成分一般为：$w(C)$为$2.5\%\sim4.0\%$，$w(Si)$为$1.0\%\sim2.5\%$，$w(Mn)$为$0.5\%\sim1.4\%$，$w(S)\leqslant0.15\%$，$w(P)\leqslant0.3\%$。金属基体依照共析阶段石墨化进行的程度不同可分为三种不同基体组织的灰铸铁：

（1）铁素体基体灰铸铁。

（2）铁素体+珠光体基体灰铸铁。

（3）珠光体基体灰铸铁。

它们的显微组织如图8-3所示。

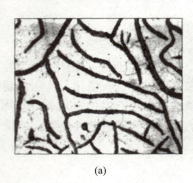
(a)
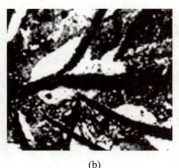
(b)
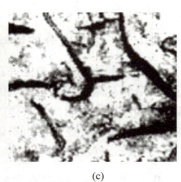
(c)

图8-3 灰铸铁显微组织

（a）铁素体基体；（b）铁素体+珠光体基体；（c）珠光体基体

灰铸铁的性能主要取决于基体的组织和石墨的形态。石墨降低了灰铸铁的力学性能，使其抗拉强度和塑性都很低，这是石墨对基体的严重割裂所致。石墨强度、塑性、韧性极低，当它以片状形态分布于基体上时，可以近似地看作许多裂纹或空洞，它减小基体的有效截面，并引起应力集中。石墨越多、越大，对基体的割裂作用越严重，其抗拉强度越低。

但石墨也使灰铸铁获得了许多钢所不及的优良性能：良好的铸造性能、较强减振性、较低的缺口敏感性、良好的切削加工性和减磨性及良好的抗压性能。

8.2.2 灰铸铁的孕育处理

由于导致灰铸铁力学性能降低的主要因素是片状石墨对基体连续性的破坏以及石墨尖角处的应力集中。所以改善灰铸铁的力学性能关键在于改变石墨片的数量、大小及分布情况。

孕育处理（亦称变质处理）后的灰铸铁叫做孕育铸铁。孕育处理就是：在浇铸前，向铁水中加入一定量的孕育剂，如硅铁、硅钙合金等，使铁水内同时生成大量均匀分布的非自发核心，以获得细小均匀的石墨片，并细化基体组织，提高铸铁强度，避免铸件边缘及薄断面处出现白口组织，提高断面组织的均匀性。

经孕育处理后的铸铁，其强度和刚度都有很大提高，可用来制造力学性能要求较高的铸件，如气缸、曲轴、凸轮、机床床身等，尤其是截面尺寸变化较大的铸件。

8.2.3 灰铸铁的牌号及应用

灰铸铁的牌号由 HT+三位数字组成。其中"HT"是灰铁的汉语拼音缩写，数字代表铸铁的抗拉强度。如 HT200 表示抗拉强度为 200 MPa 的灰铸铁。抗拉强度最小的灰铁是 HT100，往上以 50 为间隔递增，最大为 HT350。表 8-1 是灰铸铁的牌号及用途。

表 8-1 灰铸铁的牌号及用途

牌号	最小抗拉强度 σ_b/MPa	用 途
HT100	100	低载荷和不重要零件，如盖、外罩、手轮、支架等
HT150	150	承受中等应力的零件，如底座、床身、工作台、阀体、管路附件及一般工作条件要求的零件
HT200	200	承受较大应力和较重要的零件，如汽缸体、齿轮、机座、床身、活塞、齿轮箱、油缸等
HT250	250	
HT300	300	床身导轨，车床、冲床等受力较大的床身、机座、主轴箱、卡盘、齿轮等，高压油缸、泵体、阀体、衬套、凸轮、大型发动机的曲轴、汽缸体、汽缸盖等
HT350	350	

注：灰铸铁根据强度分级，一般采用 ϕ30 mm 铸造试棒，切削加工后进行测定。

8.2.4 灰铸铁的热处理

热处理只能改变灰铸铁的基体组织，不能改善石墨的形状和分布。因此，灰铸铁经热处理后产生的强化效果不像钢和球墨铸铁那样显著。到目前为止，灰铸铁热处理的目的主要局限于消除内应力和改变铸件硬度两方面。灰铸铁的热处理主要有退火、淬火和表面热处理。

1. 去应力退火

铸铁件的形状一般比较复杂，各部位壁厚不均匀，浇铸时因各个部位和表里的冷却速度不同而存在温度差，以致引起弹、塑性转变的不同时性，从而产生内应力。铸铁件的铸造内应力，在随后的机械加工过程中，会重新分布，进一步引起铸件的变形。因此，铸铁件经铸造后必须施以消除内应力退火，这种退火也称人工退火。一些形状复杂和尺寸稳定性要求较高的重要铸件，如机床床身、柴油机汽缸等，为了防止变形和开裂，须进行消除内应力退火。

2. 消除铸件白口、降低硬度的退火

灰口铸铁件表层和薄壁处由于冷却速度较快，很容易产生白口组织，难以切削加工，需要退火以降低硬度。退火时加热温度在共析温度以上，并长时间保温，使渗碳体分解成石墨，属于高温退火。

3. 表面淬火

表面淬火可改变铸件表层的基体组织，提高强度、硬度、耐磨性和疲劳强度。有些铸件如机床导轨、缸体内壁等，因表面需要提高硬度和耐磨性，可进行表面淬火处理，如表面高频淬火，火焰表面淬火和激光加热表面淬火等。淬火后表面硬度可达 50～55 HRC。

8.3 可锻铸铁

可锻铸铁俗称玛钢、马铁，是由白口铸铁通过退火处理后得到的一种较高力学性能的铸铁。可锻铸铁因渗碳体分解而获得团絮状石墨，由于可锻铸铁中的石墨呈团絮状，对基体的割裂作用较小，因此它的力学性能比灰铸铁高，塑性和韧性好，但可锻铸铁并不能进行锻压加工。可锻铸铁的基体组织不同，其性能也不一样。其中黑心可锻铸铁（铁素体可锻铸铁）具有较高的塑性和韧性，而珠光体可锻铸铁具有较高的强度、硬度和耐磨性。

可锻铸铁生产过程　可锻铸铁应用实例

8.3.1 可锻铸铁的组织与性能

可锻铸铁生产分两个步骤：第一步，先铸造纯白口铸铁，不允许有石墨出现，否则在随后的退火中，碳在已有的石墨上沉淀，得不到团絮状石墨；第二步，进行长时间的石墨化退火处理。将白口铸铁加热到 900 ℃～960 ℃，长时间保温，使共晶渗碳体分解为团絮状石墨，完成第一阶段的石墨化过程。随后以较快的速度（100 ℃/h）冷却，通过共析转变温度区，得到珠光体基体的可锻铸铁。若第一阶段石墨化保温后慢冷，使奥氏体中的碳充分析出，完成第二阶段石墨化，并在冷至 720 ℃～760 ℃ 后继续保温，使共析渗碳体充分分解，完成第三阶段石墨化，在 650 ℃～700 ℃ 出炉冷却至室温，可以得到铁素体基体的可锻铸铁。图 8-4 为可锻铸铁的显微组织。可锻铸铁成分一般为：$w(C)$ 为 2.2%～2.8%，$w(Si)$ 为 1.0%～1.8%，$w(Mn)$ 为 0.4%～0.6%，$w(S)<0.18\%$，$w(P)<0.1\%$。

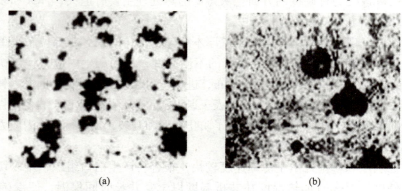

图 8-4　可锻铸铁的显微组织
（a）铁素体可锻铸铁；（b）珠光体可锻铸铁

8.3.2 可锻铸铁的牌号及用途

可锻铸铁的牌号中的"KT"表示"可铁"二字汉语拼音的大写字头，"H"表示"黑心","Z"表示珠光体基体。牌号后面的两组数字分别表示最低抗拉强度和最小伸长率。可锻铸铁牌号、机械性能及用途见表8-2所示。

表 8-2 可锻铸铁的牌号及用途

牌号	机械性能（不小于）			试样直径 d/mm	用途
	σ_b/MPa	σ_s/MPa	δ/%		
KTH300-06	300	186	6	12	管道配件、中低压阀门
KTH330-08	330	/	8		扳手、车轮壳、钢丝绳接头
KTH350-10	350	200	10		汽车前后轮壳，差速器壳，制动器支架，转向节壳，铁道扣板
KTH370-12	370	226	12		
KTZ450-06	450	270	6	15	承受较高载荷，耐磨且有一定韧性的重要零件，如曲轴、凸轮轴、连杆、齿轮、活塞环、传动链条、扳手
KTZ550-04	550	340	4		
KTZ650-02	650	430	2		
KTZ700-02	700	530	2		

8.4 球墨铸铁

球墨铸铁中石墨呈球状。它是用镁、钙及稀土元素等球化剂对铁水进行球化处理，使石墨变为球状。由于石墨呈球状对基体的削弱作用最小，使球墨铸铁的金属基体强度利用率高达70%～90%（灰口铸铁只达30%左右），因而其机械性能远远优于普通灰口铸铁和可锻铸铁。

球墨铸铁应用实例

8.4.1 球墨铸铁的组织与性能

球墨铸铁常用的球化剂有镁、钙或稀土元素，孕育剂常用的是硅铁和硅钙。球墨铸铁的大致化学成分范围是：$w(C)$为3.6%～3.9%；$w(Si)$为2.0%～3.2%；$w(Mn)$为0.3～0.8%，$w(P)<0.1\%$；$w(S)<0.07\%$；$w(Mg)$为0.03%～0.08%。由于球化剂的加入会阻碍石墨化，并使共晶点右移造成流动性下降，所以必须严格控制其含量。

球墨铸铁的显微组织由球形石墨和金属基体两部分组成。随着成分和冷却速度的不同，球墨铸铁在铸态下的金属基体可分为铁素体、铁素体+珠光体、珠光体三种，见图8-5。

不同基体的球墨铸铁，性能差别很大。珠光体球墨铸铁的抗拉强度比铁素体基体高50%以上，而铁素体球墨铸铁的伸长率为珠光体基的3～5倍。由于球状石墨圆整程度高，对基体的割裂作用和产生的应力集中更小，基体强度利用率可达70%～90%，接近于碳钢，故其塑性和韧性比灰铸铁和可锻铸铁都高。

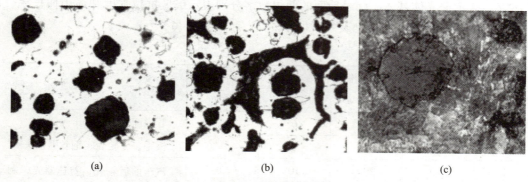

图 8-5 球墨铸铁的显微组织

(a) 铁素体球墨铸铁；(b) 铁素体+珠光体球墨铸铁；(c) 珠光体球墨铸铁

8.4.2 球墨铸铁的牌号、性能特点及用途

球墨铸铁的牌号、机械性能及用途如表 8-3 所示。牌号中的"QT"表示"球铁"二字汉语拼音的大写字头，在"QT"后面两组的数字分别表示最低抗拉强度和最小伸长率。

表 8-3 球墨铸铁的牌号、组织、力学性能及用途（摘自 GB 1348—1988）

牌号	σ_b/MPa	σ_s/MPa	δ/%	供参考		应用举例
	最小值			硬度/HBS	基体组织	
QT400-18	400	250	18	130～180	铁素体	汽车、拖拉机底盘零件；阀门的阀体和阀盖等
QT400-15	400	250	15	130～180	铁素体	
QT450-10	450	310	10	160～210	铁素体	
QT500-7	500	320	7	170～230	铁素体+珠光体	机油泵齿轮等
QT600-3	600	370	3	190～270	铁素体+珠光体	柴油机、汽油机的曲轴；磨床、铣床、车床的主轴；空压机、冷冻机的缸体、缸套
QT700-2	700	420	2	225～305	珠光体	
QT800-2	800	480	2	245～335	珠光体或回火组织	
QT900-2	900	600	2	280～360	贝氏体或回火马氏体	汽车、拖拉机传动齿轮等

8.4.3 球墨铸铁的热处理

由于球状石墨对基体的割裂作用小，因而可以对球墨铸铁进行各种热处理强化，以改变球墨铸铁的基体组织，提高力学性能。球墨铸铁的热处理特点是：

（1）奥氏体化温度比碳钢高，这是由于铸铁中硅含量高，使 S 点上升。

（2）淬透性比碳钢高，这也与硅含量高有关。

（3）奥氏体中碳含量可控，这是由于奥氏体化时，以石墨形式存在的碳溶入奥氏体的量与加热温度和保温时间有关。

球墨铸铁的热处理主要有退火、正火、淬火加回火、等温淬火等。

(1) 退火。退火的目的是为了获得铁素体基体。当铸件薄壁处出现自由渗碳体和珠光体时，为了获得塑性好的铁素体基体，改善切削性能，消除铸造内应力，应对铸件进行退火处理。

(2) 正火。正火的目的是为了获得珠光体基体（占基体75%以上），细化组织，从而提高球墨铸铁的强度和耐磨性。

(3) 淬火加回火。淬火加回火的目的是为了获得回火马氏体或回火索氏体基体。对于要求综合力学性能好的球墨铸铁件，可采用调质处理，而对于要求高硬度和耐磨性的铸铁件，则采用淬火加低温回火处理。

(4) 等温淬火。等温淬火的目的是为了得到下贝氏体基体，获得最佳的综合力学性能。由于盐浴的冷却能力有限，一般仅用于截面不大的零件。

此外，为提高球墨铸铁件的表面硬度和耐磨性，还可采用表面淬火、氮化、渗硼等工艺。总之，碳钢的热处理工艺对于球墨铸铁基本上都适用。

8.5 其他铸铁

8.5.1 蠕墨铸铁

蠕墨铸铁是近年来发展起来的一种新型工程材料。它是由液体铁水经蠕化处理和孕育处理随之冷却凝固后所获得的一种铸铁。

1. 蠕墨铸铁的化学成分和组织特征

蠕墨铸铁的石墨形态介于片状和球状石墨之间。灰口铸铁中石墨片的特征是片长、较薄、端部较尖。球墨铸铁中的石墨大部分呈球状，即使有少量团状石墨，基本上也是互相分离的。而蠕墨铸铁的石墨形态在光学显微镜下看起来像片状，但不同于灰口铸铁的是其片较短而厚，头部较圆（形似蠕虫）。所以可以认为，蠕虫状石墨是一种过渡型石墨。图8-6所示为蠕墨铸铁的显微组织。

蠕墨铸铁的化学成分一般为：$w(C)$ 为 3.4%～3.6%；$w(Si)$ 为 2.4%～3.0%；$w(Mn)$ 为 0.4%～0.6%；$w(S) \leq 0.06\%$；$w(P) \leq 0.07\%$。

2. 蠕墨铸铁的牌号、性能特点及用途

牌号中"RuT"是"蠕铁"两字汉语拼音的字头，在"RuT"后面的数字表示最低抗拉强度。蠕墨铸铁的牌号、机械性能及用途如表8-4所示。

图 8-6　蠕墨铸铁的显微组织

表 8-4 蠕墨铸铁的牌号、机械性能及用途

牌号	机械性能（不小于）			硬度/HBS	用途
	σ_b/MPa	$\sigma_{0.2}$/MPa	δ/%		
RuT420	420	335	0.75	200~280	适用于强度或耐磨性高的零件，如制动盘、活塞、制动鼓、玻璃模具
RuT380	380	300	0.75	193~274	
RuT340	340	270	1.00	170~249	
RuT300	300	240	1.50	140~217	适用于强度高及承受热疲劳的零件，如排气管、汽缸盖、液压件、钢锭模
RuT260	260	195	3.00	121~197	适用于承受冲击载荷及热疲劳的零件，如汽车底盘零件、增压器、废气进气壳体

8.5.2 合金铸铁

工业上要求铸铁除了有一定的机械性能外，有时还要有较高的耐磨性以及耐热性、耐蚀性等。为此，在普通铸铁的基础上加入一定量的合金元素，制成特殊性能铸铁（合金铸铁）。

合金铸铁的应用实例

1. 耐磨铸铁

耐磨铸铁是指不易磨损的铸铁。实践证明，具有细片状珠光体基体和细小均匀分布的石墨的铸铁有较好的耐磨性。

在灰口铸铁中加入少量合金元素（如磷、钒、铬、钼、锑、稀土等），可以增加金属基体中珠光体数量，且使珠光体细化，同时也细化了石墨。由于铸铁的强度和硬度升高，显微组织得到改善，使得这种灰口铸铁具有良好的润滑性和抗咬合、抗擦伤的能力。耐磨灰口铸铁广泛用于制造机床导轨、气缸套、活塞环、凸轮轴等零件。

在稀土—镁球铁中加入 $w(Mn)$ 为 5.0%～9.5%，$w(Si)$ 为 3.3%～5.0%，其组织为马氏体+奥氏体+渗碳体+贝氏体+球状石墨，具有较高的冲击韧性和强度，适用于同时承受冲击和磨损条件下使用，可代替部分高锰钢和锻钢。中锰球铁常用于农机具耙片、犁铧、球磨机磨球等零件。

2. 耐热铸铁

耐热铸铁是指在高温下具有良好的抗氧化和抗生长能力的铸铁。在高温下工作的铸铁，如炉底板、换热器、坩埚、热处理炉内的运输链条等，必须使用耐热铸铁。加入 Al、Si、Cr 等元素，一方面在铸件表面形成致密的氧化膜，阻碍继续氧化；另一方面提高铸铁的临界温度，使基体变为单相铁素体，不发生石墨化过程，从而改善铸铁的耐热性。

3. 耐蚀铸铁

耐蚀铸铁主要用于化工部件，如阀门、管道、泵、容器等。普通铸铁的耐蚀性差，因为组织中的石墨和渗碳体促进铁素体腐蚀。加入 Si、Cr、Al、Mo、Cu、Ni 等合金元素形成保护膜，或使基体电极电位升高，可以提高铸铁的耐蚀性能。常用耐蚀铸铁有高硅、高硅钼、高铝、高铬等耐蚀铸铁。

第8章 铸　铁

知识拓展

球墨铸铁作为新型工程材料，其发展速度是令人惊异的。1949 年世界球墨铸铁产量只有 5 万吨，1960 年为 53.5 万吨，1970 年增长到 500 万吨，1980 年为 760 万吨，1990 年达到 915 万吨。2000 年达到 1 500 万吨。球墨铸铁的生产发展速度在工业发达国家特别快。世界球墨铸铁产量的 75% 是由美国、日本、德国、意大利、英国、法国六国生产的。我国球墨铸铁生产起步很早，1950 年就研制成功并投入生产，至今我国球墨铸铁年产量达 230 万吨，位于美国、日本之后，居世界第三位。适合我国国情的稀土镁球化剂的研制成功，铸态球墨铸铁以及奥氏体-贝氏体球墨铸铁等各个领域的生产技术和研究工作均达到了很高的技术水平。

先导案例解决

把耳朵贴在钢轨上，能听到远方火车的滚滚车轮声，是因为钢的内部结构比较紧密，能把火车开动的声音（实际上是声波引起钢轨的振动）以 5 000 米/秒的高速度传到你的耳中，说明钢传递振动的能力强，也就是减振性差。而铸铁中存在石墨，石墨作为一种非金属夹杂物，破坏了合金组织的连续性，石墨的强度比起金属来差得多，可以近似地把它看成为"微小的裂缝或空洞"，所以振动在传递时碰到石墨只能"绕道而行"，再加上石墨本身非常松软，在振动时会反复变形，从而把振动能变成热能而散发掉。石墨的数量越多，吸收的振动能越多，这样就起到了减振的作用。

生产学习经验

1. 本章是建立在铁碳合金相图及碳素钢的基础上，因此要求学生对已学过的上述内容作必要的复习，以保证教学过程的顺利进行。

2. 在各类机械中，铸铁件占有很大的比例。在农业机械中约占 40%～60%，汽车、拖拉机制造业中约占 50%～70%，在机床和重型机械制造业中约占 60%～90%。为了合理地使用钢铁材料，必须掌握铸铁的牌号、性能和用途。

3. 由于球墨铸铁具有比较优良的性能，如疲劳强度接近中碳钢、多种抗力大于中碳钢，屈强比几乎比钢高一倍，因而可以"以铁代钢"，用于制作受力复杂、负荷较大且耐磨的机械零件。

本章是建立在铁碳合金相图及碳素钢的基础上，因此要求学生对已学过的上述内容作必要的复习，以保证教学过程的顺利进行。本章教学重点是灰铸铁、可锻铸铁、球墨铸铁和蠕

墨铸铁的牌号、用途及提高灰铸铁力学性能的方法。

中国传统的铁锅是目前最安全的厨具。铁锅多采用生铁制成,一般不会含有其他化学物质。在炒菜、煮食过程中,铁锅不会有溶出物,不会存在脱落问题,即使有铁物质溶出,对于人体吸收也是有好处的,究其原因主要是铁锅对防治缺铁性贫血有很好的辅助作用。你还能举出生活中应用铸铁的例子吗?

习　题

1. 什么是铸铁?根据碳在铸铁中的存在形式铸铁可分为几类?
2. 什么是石墨化?影响石墨化的因素是什么?
3. 灰铸铁的组织有哪几种?
4. 什么是灰铸铁的孕育处理?目的是什么?
5. 为什么灰铸铁热处理后的强化作用不大?常采用的热处理方法有哪些?
6. 可锻铸铁的生产分哪两个步骤?
7. 可锻铸铁和球墨铸铁哪种适合铸造薄壁铸件?其原因是什么?

第9章
有色金属及硬质合金

【本章知识点】

1. 了解常用有色金属及其合金的编号、性能及用途。
2. 掌握常用硬质合金的编号、性能及主要用途。

先导案例

据联合国卫生组织提供的资料，全世界每天至少有 5 万人死于由水污染引起的各种疾病，发展中国家每年有两千五百多万人死于不洁净的水，80%的癌症疾患都与水有关。在人们经常使用的家电中也存在着水的二次污染问题。比如说我们经常接触到的饮水机和洗衣机。饮水机的二次污染主要来自储水胆、水道等部件，这些部位如果长期不清洗或消毒，就会沉积污垢，成为细菌和病毒滋生的温床；洗衣机套筒夹层里的污垢，有洗衣粉的游离物、衣物的纤维素、人体的有机物及衣物带入的灰尘与细菌等，它们在常温中繁殖，洗衣时便二次污染衣物，危害人体健康。解决"二次污染"最根本、最有效的方法就是消除各种微生物滋生环境，应用具备有效抑菌、杀菌功能的水家电制造材料。哪些材料具有这种功能呢？

钢铁材料称为黑色金属，其他的非金属材料及其合金称为有色金属。按合金系统分：重有色金属（$\rho > 4.58 \text{ g/cm}^3$），如铜、镍、铅、锌等；轻有色金属（$\rho < 4.5 \text{ g/cm}^3$），如铝、镁、钠、钙等；贵金属，如金、银、铂等；稀有金属，如钛、锂、钨、钼、镭等。铝、镁、钛等具有相对密度小、强度高的特点，因而广泛应用于航空、航天、汽车、船舶等行业；银、铜、铝等具有优良导电性和导热性的材料，广泛应用于电器和仪表行业。常用的有色金属有铜和铜合金、铝和铝合金、铅和铅合金、钛和钛合金、轴承合金等。

9.1 铜及其合金

9.1.1 铜

纯铜是玫瑰红色金属，表面形成氧化铜膜后，外观呈紫红色，故常称为紫铜。密度为 $8.9 \times 10^3 \text{ kg/m}^3$，熔点 1 083 ℃。纯铜导电性很好，大量用于制造电线、电缆、电刷等；导热性好，常用来制造防磁性干扰的磁学仪器、仪表，如罗盘、航空仪表等；塑性极好，易于热压和冷压力加工，可制成管、棒、线、条、带、板、箔等铜材。纯铜产品有冶炼品及加工品两种。

工业纯铜中含有锡、铋、氧、硫、磷等杂质，它们都使铜的导电能力下降。铅和铋能与铜形成熔点很低的共晶体，进行热加工时（温度为 820 ℃～860 ℃），因共晶体熔化，破坏晶界的结合，使铜发生脆性断裂，其危害最大。硫、氧与铜也形成共晶体，由于其共晶体都是脆性化合物，在冷加工时易促进破裂。

根据杂质的含量，工业纯铜可分为四种：T1、T2、T3、T4。"T"为铜的汉语拼音字头，工业纯铜的牌号、成分及用途如表 9–1 所示。

第 9 章 有色金属及硬质合金

表 9-1 紫铜加工产品的牌号、成分及用途

牌号	含铜量/%	杂质含量/%		杂质总量/%	用途
		Bi	Pb		
T1	99.85	0.002	0.005	0.05	导电材料和配制高纯度合金
T2	99.90	0.002	0.005	0.1	导电材料，电线、电缆等
T3	99.70	0.002	0.01	0.3	铜材，电气开关，垫圈，铆钉，油管等
T4	99.50	0.003	0.05	0.5	

9.1.2 铜合金

1. 黄铜

黄铜是铜与锌为主要元素的铜合金。按照化学成分的不同黄铜可分为普通黄铜和特殊黄铜；按工艺可分为加工黄铜和铸造黄铜。

黄铜　　　黄铜铸件

（1）普通黄铜。普通黄铜又分为单相黄铜和双相黄铜两类。当锌含量小于39%时，锌全部溶于铜中形成固溶体，即单相黄铜；当锌含量大于等于39%时，除了有α固溶体外，组织中还出现以化合物CuZn为基体的β固溶体，即α+β的双相黄铜。当$w(Zn) \leqslant 30\% \sim 32\%$时，随着含锌量的增加，强度和延伸率都升高；当$w(Zn) > 32\%$后，因组织中出现β相，塑性开始下降，而强度在$w(Zn)$为45%附近达到最大值。含Zn更高时，黄铜的组织全部为β相，强度与塑性急剧下降，如图 9-1 所示。

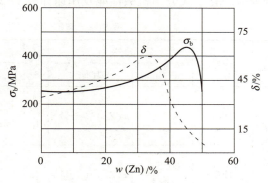

图 9-1 锌含量对黄铜力学性能的影响

从变形特征来看，单相黄铜适宜于冷加工，而双相黄铜只能热加工。单相黄铜塑性好，适于制造冷变形零件，如弹壳、冷凝器管等。双相黄铜热塑性好，强度高，适于制造受力件，如垫圈、弹簧、导管、散热器等。图 9-2 为普通黄铜的显微组织。

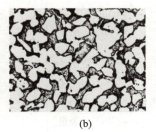

(a)　　　　　　　　(b)

图 9-2 普通黄铜的显微组织

（a）单相黄铜；（b）双相黄铜

普通黄铜的牌号用"H"+数字表示。其中"H"表示普通黄铜的"黄"字汉语拼音字母的字头，数字表示平均含铜量的百分数。如 H62，表示平均含铜量为 62% 的普通黄铜。

铸造黄铜的代号表示方法由"ZCu"+主加元素的元素符号+主加元素的含量+其他加入元素的元素符号及含量组成。例如 ZCuZn38 等。

（2）特殊黄铜。在普通黄铜中加入铝、锡、硅、锰、镍等元素，形成各种特殊黄铜。

锡黄铜：锡可显著提高黄铜在海洋大气和海水中的抗蚀性，也可使黄铜的强度有所提高。压力加工锡黄铜广泛应用于制造海船零件。

铝黄铜：铝能提高黄铜的强度和硬度，但使塑性降低。铝能使黄铜表面形成保护性的氧化膜，因而改善黄铜在大气中的抗蚀性。

硅黄铜：硅能显著提高黄铜的力学性能、耐磨性和耐蚀性。硅黄铜具有良好的铸造性能，并能进行焊接和切削加工，主要用于制造船舶及化工机械零件。

锰黄铜：锰能提高黄铜的强度，不降低塑性，也能提高在海水中及过热蒸汽中的抗蚀性。锰黄铜常用于制造海船零件及轴承等耐磨部件。

镍黄铜：镍可提高黄铜的再结晶温度和细化其晶粒，提高机械性能和抗蚀性，降低应力腐蚀开裂倾向。镍黄铜的热加工性能良好，在造船工业、电机制造工业中广泛应用。常用黄铜牌号、化学成分、机械性能及用途如表 9-2 所示。

表 9-2 黄铜牌号、化学成分、机械性能及用途

类别	牌号	w/%		状态	机械性能			用途
		$w(Cu)$	其他		σ_b/MPa	δ_5/%	HBS	
普通黄铜	H96	95～97	$w(Zn)$（余量）	T L	240 450	50 2	45 120	冷凝管、散热器管及导电零件
	H62	60.5～63.5	$w(Zn)$（余量）	T L	330 600	49 3	56 164	铆钉、螺帽、垫圈、散热器零件
特殊黄铜	HPb59-1	57～60	$w(Pb)$ 0.8～0.9 $w(Zn)$（余量）	T L	420 550	45 5	75 149	用于热冲压和切削加工的各种零件
	HMn58-2	57～60	$w(Mn)$ 1.0～2.0 $w(Zn)$（余量）	T L	400 700	40 10	90 178	腐蚀条件下工作的重要零件和弱电流工业零件
	HSn90-1	88～91	$w(Sn)$ 0.25～0.075 $w(Zn)$（余量）	T L	280 520	40 4	58 148	汽车、拖拉机弹性套管及其他耐腐蚀减磨零件

第9章 有色金属及硬质合金

续表

类别	牌号	w/%		状态	机械性能			用途
		w(Cu)	其他		σ_b/MPa	δ_5/%	HBS	
铸造黄铜	ZCuZn38	60~63	w(Zn)（余量）	S J	295 295	30 30	59 69	一般结构件，支座、阀座等
	ZCuZn31A12	66~68	w(Al)2.0~3.0 w(Zn)（余量）	S J	295 390	12 15	79 89	电机、仪表等压铸件及船舶机械中的耐蚀件
	ZCuZn38Mn2Pb2	57~60	w(Mn)1.5~2.5 w(Pb)1.5~2.5 w(Zn)（余量）	S J	245 345	10 14	69 79	仪表等使用外形简单的铸件套筒、轴瓦等
	ZCuZn16Si4	79~81	w(Si)2.5~4.5 w(Zn)（余量）	S J	345 390	15 20	89 98	船舶、内燃机零件

注：表中符号的意义：T 退火，L 冷变形状态，S 沙型铸造，J 金属型铸造。

2. 青铜

除了黄铜和白铜（铜和镍的合金）外，所有的铜基合金都称为青铜。按主加元素种类的不同，青铜可分为锡青铜、铝青铜、硅青铜和铍青铜等。

青铜的编号规则是：Q+主加元素符号+主加元素含量+其他元素含量，"Q"表示青的汉语拼音字头。如 QSn4-3 表示成分为 4%Sn、3%Zn、其余为铜的锡青铜。

（1）锡青铜。

锡青铜是以锡为主加元素的铜合金，当 w(Sn)≤5% 时，随着含锡量的增加，合金的强度和塑性都增加。当 w(Sn)≥6% 时，组织中出现硬而脆的 δ 相，虽然强度继续升高，但塑性却会下降。当 w(Sn)>20% 时，由于出现过多的 δ 相，使合金变得很脆，强度也显著下降。所以工业上用的锡青铜的含锡量一般为 3%~14%。

通常情况 w(Sn)<5% 的锡青铜适宜于冷加工使用，含锡 5%~7% 的锡青铜适宜于热加工，w(Sn)>10% 的锡青铜适合铸造。

锡青铜铸造流动性差，铸件密度低，易渗漏，但体积收缩率在有色金属及合金中最小。锡青铜耐蚀性良好，在大气、海水及无机盐溶液中的耐蚀性比纯铜和黄铜好，但在硫酸、盐酸和氨水中的耐蚀性较差。锡青铜中一般含有少量 Zn、Pb、P、Ni 等元素，能改善青铜的耐磨性能和切削加工性能。

锡青铜在造船、化工、机械、仪表等工业中广泛应用，主要制造轴承、轴套等耐磨零件和弹簧等弹性元件，以及抗蚀、抗磁零件等。

（2）铝青铜。

铝青铜是以铝为主要合金元素的铜合金，铝含量为 5%~11%。铝青铜强度、硬度、耐

锡青铜

青铜制品

磨性、耐热性及耐蚀性高于黄铜和锡青铜，铸造性能好，同时可以通过淬火使合金强化，但焊接性能差。主要用于制造齿轮、轴套、蜗轮等在复杂条件下工作的高强度耐磨零件，以及弹簧和其他高耐蚀性弹性元件。

（3）铍青铜。

铍青铜是以铍为主加元素的铜合金，铍含量为 1.7%～2.5%。热处理强化后的抗拉强度可高达 1 250～1 500 MPa，硬度可达 350～400 HBS。铍青铜的弹性极限、疲劳极限都很高，耐磨性和抗蚀性也很优异。它有良好的导电性和导热性，并具有无磁性、耐寒、受冲击时不产生火花等一系列优点。

铍青铜主要用于制作精密仪器的重要弹簧和其他弹性元件，如钟表齿轮、高速高压下工作的轴承及衬套等耐磨零件，以及电焊机电极、防爆工具、航海罗盘等重要机件。常用青铜的牌号、化学成分、力学性能和用途如表 9-3 所示。

3. 白铜

以镍为主要合金元素的铜合金称为白铜，分普通白铜和特殊白铜。在固态下，铜与镍无限固溶，因此工业白铜的组织为单相 α 固溶体。

普通白铜是 Cu-Ni 二元合金，具有较高的耐蚀性和抗腐蚀疲劳性能及优良的冷热加工性能。普通白铜牌号：B+镍的平均百分含量，如 B5。常用牌号有 B5、B19 等。特殊白铜是在普通白铜基础上添加 Zn、Mn、Al 等元素形成的，分别称锌白铜、锰白铜、铝白铜等。其耐蚀性、强度和塑性高，成本低。常用牌号如 BMn40-1.5（康铜）、BMn43-0.5（考铜）。

白铜多用于制造船舶仪器零件、化工机械零件及医疗器械等。锰含量高的锰白铜可制作热电偶丝。常用白铜 B30、B19、B5、BZn 15-20、BMn 3-12、BMn 40-1.5 等。

表 9-3 常用青铜的牌号、化学成分、力学性能和用途

牌号	w/%		力学性能			用 途
	主加元素	其他	σ_b/MPa	δ/%	HBS	
QSn 4-3	$w(Sn)3.5$～4.5	$w(Zn)2.7$～3.7 $w(Cu)$（其余）	350/350	40/4	60/160	弹性元件、管配件、化工机械中耐磨抗磁零件
QSn 7-0.2	$w(Sn)6.0$～7.0	$w(P)0.1$～0.25 $w(Cu)$（其余）	360/500	64/15	75/180	中等载荷耐磨零件，抗磨垫圈、轴套、蜗轮
QAl 17	$w(Al)6.0$～8.0	$w(Cu)$（其余）	470/980	3/70	70/154	重要弹性元件
QAl 19-4	$w(Al)8.0$～10	$w(Fe)2.0$～4.0 $w(Cu)$（其余）	550/900	4/5	110/180	耐磨及耐蚀零件，轴承、蜗轮、齿圈
QBe 2	$w(Be)1.9$～2.2	$w(Ni)0.2$～0.5 $w(Cu)$（其余）	500/850	3/40	84/247	重要弹性元件，耐磨件及在高速、高压、高温下工作

9.2 铝及其合金

9.2.1 铝

纯铝是一种银白色的轻金属,密度 $2.7×10^{-3}$ kg/m^3,熔点为 660 ℃,导电性好,仅次于银、铜和金。导热性好,可用作各种散热材料。在大气中与氧作用,在表面形成一层氧化膜,从而使它在大气和淡水中具有良好的抗蚀性。纯铝具有优良的工艺性能,易于铸造,易于切削,可冷、热变形加工,还可以通过热处理提高其强度。表 9-4 是工业纯铝的牌号、化学成分和用途。

表 9-4 工业纯铝的牌号、化学成分和用途

旧牌号	新牌号	w/%		用 途
		w(Al)	杂质	
L1	1 070	99.7	0.3	电容、垫片、电子管隔离罩、电缆、导电体和装饰件
L2	1 060	99.6	0.4	
L3	1 050	99.5	0.5	
L4	1 035	99.0	1.0	
L5	1 200	99.0	1.0	电线保护导管,通信系统零件、垫片和装饰件

9.2.2 铝合金

纯铝的强度很低,其抗拉强度仅有 90~120 MPa,一般不宜直接作为结构材料和制造机械零件。但加入适量合金元素的铝合金,再经过强化处理后,其强度可以得到很大提高。

1. 铝合金的分类

铝合金按其成分、组织和工艺特点,可以将其分为:变形铝合金与铸造铝合金。常用的铝合金大都具有与图 9-3 类似的相图。位于相图上 D 点成分以左的合金,在加热至固溶线以上时能形成单相固溶体组织,合金的塑性较高,适用于压力加工,所以称为变形铝合金;凡位于 D 点成分以右的合金,因含有共晶组

铝合金机翼

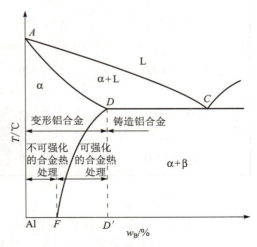

图 9-3 铝合金相图的一般类型

织,液态流动性较高,适用于铸造,所以称为铸造铝合金。

2. 常用铝合金

(1) 变形铝合金。

变形铝合金又分为热处理不可强化型铝合金和热处理可强化型铝合金。热处理不可强化型不能通过热处理来提高力学性能,只能通过冷加工变形来实现强化,它主要包括高纯铝、工业高纯铝、工业纯铝以及防锈铝等。热处理可强化型铝合金可以通过淬火和时效等热处理手段来提高机械性能,它可分为硬铝、锻铝、超硬铝和特殊铝合金等。常用变形铝合金的牌号、力学性能和用途如表9-5所示。

表9-5 常用变形铝合金的牌号、力学性能和用途

类别	牌号 (旧牌号)	热处理	力学性能			用途举例
			σ_b/MPa	δ/%	HBS	
防锈铝合金	5A05(LF5)	退火	280	20	70	中等载荷零件、焊接油箱、油管、铆钉等
	3A21(LF21)		130	20	30	焊接油箱,油管,铆钉等轻载零件及制品
硬铝合金	2A01(LY1)	退火+自然时效	300	24	70	工作温度不超过100℃的中强铆钉
	2A11(LY11)		420	18	100	中强零件,如骨架、螺旋桨叶片、铆钉
	2A12(LY12)		470	17	105	高等强度,150℃以下工作零件,如梁、铆钉
超硬铝合金	7A04(LC4)	淬火+人工时效	600	12	150	主要受力构件,如飞机大梁、起落架
	7A09(LC9)		680	7	190	主要受力构件,如飞机大梁、起落架
锻铝合金	2A50(LD5)	淬火+人工时效	420	13	105	形状复杂中等强度的锻件及模锻件
	2A70(LD7)		415	13	120	高温下工作的复杂锻件,内燃机活塞
	2A14(LD10)		480	19	135	承受高载荷的锻件和模锻件

(2) 铸造铝合金。

常用的有铝硅系、铝铜系、铝镁系和铝锌系合金。合金牌号用"铸铝"二字汉语拼音字首"ZL"后跟三位数字表示。第一位数表示合金系列,1为铝硅系合金,2为铝铜系合金,3为铝镁系合金,4为铝锌系合金。第二、三位数表示合金的顺序号。常用铸造铝合金

的牌号、化学成分、力学性能和用途如表9-6所示。

表9-6 常用铸造铝合金的牌号、化学成分、力学性能和用途

牌号	$w/\%$				热处理及状态	力学性能（不低于）			用途
	$w(Si)$	$w(Cu)$	$w(Mg)$	其他		σ_b/MPa	$\delta/\%$	HBS	
ZL101	6.5~7.5	—	0.25~0.045	—	J, T5 S, T5	202 192	2 2	60 60	飞机仪器上零件工作温度小于185℃的汽化器
ZL102	10~13	—	—	—	J, SB JB, SB T2	153 143 133	2 4 4	50 50 50	仪表、抽水机壳体，承受低载荷，工作温度小于200℃的气密性零件
ZL105	4.5~5.5	1.0~1.5	0.4~0.6	—	J, T5 S, T5 S, T6	231 212 222	0.5 1.0 0.5	70 70 70	形状复杂小于225℃下工作的零件，油泵体
ZL108	11~13	1.0~2.0	0.4~1.0	$w(Mn)$ 0.3~0.9	J, T1 J, T6	192 251	— —	85 90	高温强度低膨胀系数、耐热的零件，高速内燃机活塞
ZL201	—	4.5~5.3	—	$w(Mn)$ 0.6~1.0 $w(Ti)$ 0.15~0.35	S, T4 S, T5	290 330	8 4	70 90	内燃机汽缸、活塞、支臂
ZL202	—	9.0~11	—	—	S, J S, J, T6	104 163	— —	50 100	形状简单，表面光洁的中等载荷零件
ZL301	—	—	9.0~11.5	—	S, J T4	280	9	60	承受大振动载荷，工作温度小于150℃的零件
ZL401	6.0~8.0	0.1~0.3	—	$w(Zn)$ 9.0~13.0	J, T1 S, T1	241 192	1.5 2	90 80	形状复杂的汽车、飞机零件工作温度小于200℃

注：铸造方法与合金状态的符号：J 金属型铸造；S 砂型铸造；B 变质处理；T1 人工时效；T2 290℃退火；T4 淬火+自然时效；T5 淬火+不完全时效；T6 淬火+人工时效。

9.2.3 铝合金的热处理

对于热处理可强化的变形铝合金,其热处理方法为固溶处理加时效处理。将成分位于相图(图9-3)中 $D\sim F$ 之间的合金加热到 α 相区,经保温获得单相 α 固溶体后迅速水冷,可在室温得到过饱和的 α 固溶体,这种处理方式称固溶处理。固溶处理后得到的组织是不稳定的,有分解出强化相过渡到稳定状态的倾向。在室温下放置或低温加热时,强度和硬度会明显升高,这种现象称为时效或时效硬化。在室温下进行的称自然时效;在加热条件下进行的称人工时效。

9.3 钛及钛合金

钛及钛合金

钛及钛合金具有密度小、比强度高、耐高温、耐腐蚀以及低温韧性良好等优点,同时资源丰富,所以有着广泛应用前景。但目前钛及钛合金的加工条件复杂,成本较昂贵。因此只在航空、化工、导弹、航天及舰艇等方面,钛及其合金有广泛的应用。

9.3.1 钛

纯钛是银白色金属,密度小(4.507×10^{-3} kg/m³),熔点高(1 688 ℃),热膨胀系数小。在882.5 ℃时发生同素异构转变(β-Ti →α-Ti)。在882.5 ℃以下为密排六方晶格,称为 α-钛(α-Ti),在882.5 ℃以上为体心立方晶格,称为 β-钛(β-Ti)。

纯钛按杂质含量不同可分为三个等级,即 TA1、TA2、TA3。其中"T"为钛的汉语拼音字头,编号越大则杂质越多。纯钛主要用于350 ℃以下工作,强度要求不高的零件,如石油化工用的热交换器、反应器、海水净化装置及舰船零部件。常用工业纯钛的牌号、力学性能和用途如表9-7所示。

表9-7 常用钛合金的牌号、力学性能和用途

牌号	材料状态	力学性能(退火)			用 途
		σ_b/MPa	δ_5/%	α_k/(J·cm⁻²)	
TA1	板材	350~500	30~40	—	航空:飞机骨架、发动机部件 化工:热交换器、泵体 造船:耐海水腐蚀的管道、阀门、泵、柴油发动机活塞、连杆 机械:低于350 ℃条件下工作且受力较小的零件
	棒材	343	25	80	
TA2	板材	450~600	25~30	—	
	棒材	441	20	75	
TA3	板材	550~700	20~25	—	
	棒材	539	15	50	

9.3.2 钛合金

钛合金中加入的主要元素有铝、锡、铜、铬、钼、钒等。合金元素溶入 α-Ti 中形成 α 固溶体，溶入 β-Ti 中形成 β 固溶体。铝、碳、氮、氧、硼等元素使 α、β 同素异晶转变温度升高，称为 α 稳定化元素；铁、钼、镁、铬、锰、钒等元素使同素异晶转变温度下降，称为 β 稳定化元素。根据使用状态的组织，钛合金可分为三类：α 钛合金、β 钛合金和 (α+β) 钛合金。

1. α 钛合金

主要合金化元素为铝、锡、硼等。这类合金不能热处理强化，主要依靠固溶强化，热处理只进行退火，强度低于其他两类钛合金，高温（500 ℃～600 ℃）强度比它们高，并且组织稳定，抗氧化性和抗蠕变性好，焊接性能也很好。

2. β 钛合金

主要合金化元素有钼、铬、钒、铝等。经淬火加时效处理后，得到较稳定的 β 相组织。这类合金强度高，但冶炼工艺复杂，应用受到限制。β 型钛合金有 TB2、TB3、TB4 三个牌号，主要用于 350 ℃ 以下工作的结构件和紧固件，如飞机压气机叶片、轴、弹簧、轮盘等。

3. (α+β) 钛合金

主要合金化元素有铝、钒、钼、铬等。这类合金可进行热处理强化，兼具 α 型钛合金和 β 型钛合金的优点，强度高，塑性好，具有良好的热强性、耐蚀性和低温韧性。α+β 型钛合金共有 9 个牌号，其中以 TC4 应用最广、用量最大，其经过淬火加时效处理后，组织为 α+β+时效析出的针状 α，主要用于制造 400 ℃ 以下工作的飞机压气机叶片、火箭发动机外壳、火箭和导弹的液氢燃料箱部件及舰船耐压壳体等。常用 (α+β) 钛合金的牌号、力学性能和用途如表 9-8 所示。

表 9-8　(α+β) 钛合金的牌号、力学性能和用途

牌号	力学性能 σ_b/MPa	力学性能 δ_5/%	用途
TC1	588	25	低于 400 ℃ 环境下工作的冲压件和焊接件
TC2	686	15	低于 500 ℃ 环境下工作的焊接件和模锻件
TC4	902	12	低于 400 ℃ 环境下长期工作的零件，各种锻件、泵、坦克履带、舰船耐压壳体
TC6	981	10	低于 300 ℃ 环境下工作的零件
TC10	1 059	10	低于 450 ℃ 环境下长期工作的零件，如飞机结构件、导弹发动机外壳、武器结构件

9.4 轴承合金

轴承合金主要用于制造滑动轴承，滑动轴承是汽车、拖拉机、机床及其他机器中的重要部件。当轴旋转时，轴承承受着轴与轴瓦之间有的摩擦并承受轴颈传递的周期性载荷。因此轴在高速旋转时，轴承要有足够的强度和硬度，良好的耐磨性和一定的塑性及韧性，其次还要求有良好的耐蚀性、导热性和较小的膨胀系数。常用的轴承合金按主要化学成分可分为锡基、铅基、铝基和铜基等。

巴氏合金轴瓦

内燃机轴瓦

9.4.1 锡基轴承合金（锡基巴氏合金）

锡基轴承合金是以锡、锑为基础，并加入少量其他元素的合金。常用的牌号有 ZChSnSb11-6（含 Sb 11% 和 Cu 6%，余 Sn），如图 9-4 所示。其中黑色部分是 α 相软基体，白方块是 β 相硬质点，白针状或星状组成物是 Cu_6Sn_5。α 相是锑溶解于锡中的固溶体，为软基体。β 相是以化合物 SnSb 为基的固溶体，为硬质点。铸造时，由于 β 相较轻，易发生严重的比重偏析，所以加入铜，生成 Cu_6Sn_5，使其作树枝状分布，阻止 β 相上浮，有效地减轻比重偏析。Cu_6Sn_5 的硬度比 β 相高，也起硬质点作用，进一步提高合金的强度和耐磨性。

锡基轴承合金具有良好的塑性和韧性，摩擦系数小，有优良的耐蚀性和导热性。但抗拉强度低，工作温度小于 150 ℃。锡稀缺且价格贵，常用于制造重要的轴承，如汽轮机、发动机和压气机等大型机器的高速轴承等。锡基轴承合金的牌号、化学成分、力学性能和用途如表 9-9 所示。

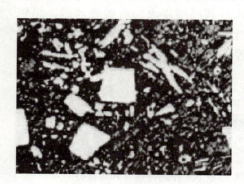

图 9-4　ZChSnSb11-6 显微图

表 9-9　锡基轴承合金的牌号、化学成分、力学性能和用途

牌号	w/%				机械性能			用 途
	w(Sn)	w(Sb)	w(Pb)	w(Cu)	σ_b/MPa	δ/%	HBS	
ZChSnSb 11-6	余量	10~12		5.5~6.5	90	6	30	较硬，适用于 1 472 kW 以上的高速汽轮机，368 kW 的蜗轮机，高速内燃机轴承
ZChSnSb 8-3	余量	7.25~8.25		2.3~3.5	80	10.6	24	一般大机械轴承及轴套

续表

牌号	w/%				机械性能			用途
	w(Sn)	w(Sb)	w(Pb)	w(Cu)	σ_b/MPa	δ/%	HBS	
ZChSn 4.5-4.5	余量	4.0~5.0		4.0~5.0	80	7	22	蜗轮机及内燃机高速轴承及轴衬

9.4.2 铅基轴承合金（铅基巴氏合金）

铅基轴承合金是以铅为基础，加入锑、锡、铜等合金元素的轴承合金。常用的牌号有 ZChPbSb16-16-2，如图 9-5 所示。组织中软基体为共晶组织（α+β），硬质点是白色方块状的化合物 SnSb 及白色针状的化合物 Cu_2Sb。

铅基轴承合金的硬度、强度、韧性都比锡基轴承合金低，摩擦系数较大，但价格较便宜，铸造性能好。常用于制造承受中、低载荷的轴承，如汽车、拖拉机的曲轴、连杆轴承及电动机轴承等。

铅基轴承合金的牌号与锡基轴承合金类似。如 ZChPbSb16-16-2，其中铅为基体元素，锑为主加元素，其含量为16%，辅加元素锡的含量为16%，铜的含量为2%，其余为铅。常用铅基轴承合金的牌号、化学成分、力学性能和用途如表 9-10 所示。

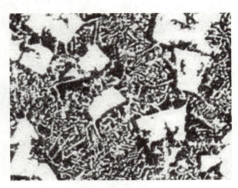

图 9-5 ZChPbSb16-16-2 显微组织

表 9-10 铅基轴承合金的牌号、化学成分、力学性能和用途

牌号	w/%					HRS（不低于）	用途
	w(Sb)	w(Cu)	w(Sn)	杂质	Pb		
ZChPbSb 16-16-2	15~17	1.5~2	15~17	0.60	余量	30	110~880 kW 蒸汽蜗轮机
ZChPbSb 15-5-3	14~16	2.5~3	5~6	0.40	Cb 1.75~2.25 As 0.6~1 余量	32	船舶机械、小于250 kW 电动机轴承
ZChPb Sb 15-10	14~16	—	9~11	0.50	余量	24	高温、中等压力下机械轴承
ZChPb Sb 15-5	14~15.5	0.5~1	4~5.5	0.75	余量	20	低速、轻压力下轴承
ZChPb Sb 10-6	9~11	—	5~7	0.75	余量	18	重载、耐蚀、耐磨轴承

9.4.3 铝基轴承合金

铝基轴承合金是一种新型减磨材料，具有密度小、导热性好、疲劳抗拉强度高、耐蚀性好等优点，并且原料丰富，成本低，但膨胀系数大，运转易咬合。目前采用铝基有铝锑镁合金和高锡铝基合金两种。

铝锑镁轴承合金成分一般为：$w(Sb)$ 3.5%～4.5%、$w(Mg)$ 0.3%～0.7%、其余为铝。可制成双金属板轴承，用于承受中等载荷的机器上。高锡铝基轴承合金成分是以铝为基，加入 $w(Sn)$ 为 20% 和 $w(Cu)$ 为 1%。适于制造高速、重载的发动机轴承。

9.5 硬质合金

硬质合金是将一种或多种难熔金属的碳化物为基体，以钴、镍等金属作黏结剂，用粉末冶金方法制成的合金材料。

9.5.1 硬质合金的性能特点

硬质合金的硬度高，常温下可达 86～93HRA（69～81HRC），热硬性高，在 900 ℃～1 000 ℃温度下仍然有较高的硬度，抗压强度高，但抗弯强度低，韧性差。通常情况下不能进行切削加工制成形状复杂的整体刀具，一般将硬质合金制成一定规格不同形状的刀片，采用焊接、黏接、机械紧固等方法将其安装在机体或模具体上使用。

9.5.2 常用的硬质合金

1. 钨钴类硬质合金

主要成分为碳化钨（WC）及钴（Co）。其牌号用"YG"（"硬"、"钴"两字的汉语拼音字母字头）加数字表示，数字表示含钴量的百分数。例如：YG8，表示钨钴类硬质合金，含钴量为 8%。

2. 钨钴钛类硬质合金

主要成分为碳化钨 WC、碳化钛 TiC 及钴 Co。其牌号用"YT"（"硬""钛"两字的汉语拼音字母字头）加数字表示，数字表示碳化钛的百分数。例如：YT5，表示钨钴钛类硬质合金，含碳化钛 5%。

硬质合金中，碳化物含量越多，钴含量越少，则合金的硬度、热硬性及耐磨性越高，合金的强度和韧性越低，反之则相反。

3. 钨钴钽（铌）类硬质合金

这类硬质合金又称为通用硬质合金或万能硬质合金。其牌号用"YW"（"硬""万"两字汉语拼音字母字头）加顺序号表示，如 YW1，YW2 等。

常用硬质合金的牌号、化学成分和力学性能如表 9-11 所示。

第9章 有色金属及硬质合金

钢结硬质合金是近年来开发的一种介于高速工具钢和硬质合金之间的一种新型材料，是以一种或多种碳化物以碳钢或合金钢粉末（不锈钢或高速钢）为黏结剂，经配料、混料、压制和烧结而成的粉末冶金材料。它可以像钢一样可以进行锻造、切削、热处理及焊接，可以制成各种形状复杂的刀具、模具及耐磨零件等。例如高速钢结硬质合金可以制成滚刀、圆锯片等刀具。

表 9-11 常用硬质合金的牌号、化学成分和力学性能

类别	牌号	w/%				力学性能	
		w(WC)	w(TiC)	w(TaC)	w(Co)	HRA（不低于）	σ_b/MPa（不低于）
钨钴类合金	YG3X	96.5	—	<0.5	3	92	1 000
	YG6	94	—	—	6	89.5	1 450
	YG6X	93.5	—	<0.5	6	91	1 400
	YG8	92	—	—	8	89	1 500
	YG8C	92	—	—	8	88	1 750
	YG11C	89	—	—	11	88.5	2 100
	YG15	85	—	—	15	87	2 100
	YG20C	80	—	—	20	83	2 200
	YG6A	91	—	3	6	91.5	1 400
	YG8A	91	—	<1	8	89.5	1 500
钨钴钛类合金	YT5	85	5	—	10	88.5	1 400
	YT15	79	15	—	6	91	1 130
	YT30	66	30	—	4	92.5	880
钨钴钽（铌）类硬质合金	YW1	84	6	4	6	92	1 230
	YW2	82	6	4	8	91.5	1 470

注：牌号中"X"表示合金为细颗粒；"C"表示合金为粗颗粒，不标为一般颗粒合金。"A"表示在原合金基础上含有少量 TaC 或 NbC 的合金。

知识拓展

发明硬质合金的是一个德国人叫施勒特尔，1923 年用粉末冶金方法生产硬质合金，1926 年开始工业化生产。20 世纪初，德国黑森林公司发明了双层复合超硬合金，用于模具领域。目前全世界约有 50 个国家有硬质合金生产能力，中国、美国、瑞典、日本、德、英、法等国。中国的硬质合金工业起步比较晚，新中国成立前全国不到 1 吨生产量，1956 年开始工业化生产，在现代机械加工中，刀具材料以硬质合金和高速钢用得最多，几乎各占一半。高速钢的发明和应用，已有整整一个世纪的历史，硬质合金也已有半个世纪。

先导案例解决

使用以铜为主的合金材料，就具有非常强大的抑菌、灭菌功能。据上海市疾病预防控制中心的相关测试表明，紫铜对大肠埃希氏菌的抑菌率无论在纯净水和矿泉水中，24小时其抑菌率均达100%，对比较难杀死的白色念珠菌48小时其抑菌率亦可达99%。在受试的水家电材料中，铜以其强大的杀菌、抑菌功能位居第一。专家认为，铜材料抑菌功能的应用在国外先进发达国家已经非常普及，目前国内以铜材料应用为主要特点的绿色水家电的研究，已经达到了实验应用的初级阶段。加快以铜材料应用为主要特点的绿色家电的研制，对减少二次污染，提高人体健康具有重要意义。

生产学习经验

1. 有色金属虽然产量及使用量不及黑色金属多，但由于它们具有某些特殊的性能和优点，已成为现代工业和日常生活中不可缺少的材料。

2. 硬质合金是一种粉末冶金材料，它是在现代化工业的高速发展对金属材料，特别是工具材料提出了更高要求的情况下产生的。它不但可以加工高速钢不能加工的钢材，而且延长了工具的寿命。

3. 本章内容的特点是牵涉的金属元素多，因而元素符号也多，牌号的种类也多，在学习中应避免产生混淆的现象。

本章小结

本章教学内容可作一般介绍，重点是硬质合金的性能特点及用途。

思考题

铜材料除了应用于绿色家电，在我们的日常生活中还有哪些应用？

习 题

1. 试述铜的性能特点，铜合金分哪几类？

2. 什么是特殊黄铜，加入合金元素对其有何影响？
3. 按主加元素种类的不同，青铜可分为哪几种？
4. 试述工业纯铝的性能特点，并举例说明其牌号、化学成分和用途。
5. 试述铝合金的分类及热处理方法？
6. 试举例说明变形铝合金和铸造铝合金的性能特点。
7. 钛合金的主要性能是什么？
8. 常用轴承合金有哪些，并举例说明有哪些力学性能？
9. 试述硬质合金的性能特点，常用硬质合金有哪些，举例说明其牌号及用途。

第 10 章
金属材料的表面处理

【本章知识点】

1. 掌握金属表面强化处理的方法。
2. 了解金属表面防腐处理及表面装饰处理方法。

先导案例

金属被腐蚀后，在外形、色泽以及机械性能等方面都将发生变化，会使机器设备、仪器、仪表的精密度和灵敏度降低，影响使用以至报废，甚至发生严重事故。据统计，每年由于腐蚀而直接损耗的金属材料，约占金属年产量的10%。金属腐蚀的现象在我们身边无处不在，每年给我国带来的损失数以亿计，因此防止金属腐蚀有很重要的意义。金属的防护方法有多少种呢？你知道多少种金属防护方法？

为了提高金属材料的使用性能和寿命，在一些特定环境中应对金属材料进行表面处理。常用的金属材料表面处理方法有表面强化处理、表面防腐处理和表面装饰处理等。

10.1 金属表面强化处理

1. 金属表面相变强化法

通过相变改变金属表层组织结构，达到强化金属表面的处理方法称为金属表面相变强化法。金属表面相变强化的方法很多，如感应淬火及电火花、激光、太阳能等表面淬火方法。

2. 金属表面形变强化法

通过喷丸、滚压、内孔挤压等方法，使金属表层产生形变强化层和残余压应力，达到提高表面疲劳强度和使用寿命的方法称为金属表面形变强化法。

3. 金属表面化学热处理强化法

通过改变材料表层化学成分，形成单相或多相的扩散层、化合层，达到提高表面强度、硬度或改变使用性能的方法称为金属表面化学热处理强化法。常用的方法有渗碳、渗氮等。

4. 金属表面覆盖层强化法

使金属表面获得特殊性能的覆盖层，达到提高金属表层的强度、硬度、耐磨性、耐蚀性和耐疲劳性等性能的处理方法称为金属表面覆盖层强化法。常用的方法有热喷涂、表面气相沉积等。

5. 金属表面复合处理强化法

将两种以上表面强化工艺用于同一工件上，在性能上可发挥各自优点的处理方法称为金属表面复合处理强化法。

第10章　金属材料的表面处理

10.2　金属表面防腐处理

表面防腐处理

10.2.1　金属的腐蚀

金属受周围介质作用而引起损坏的过程称为金属的腐蚀。按腐蚀的机理，腐蚀可分为化学腐蚀和电化学腐蚀两类。

1. 化学腐蚀

金属和周围介质发生化学反应而使金属损坏的现象称为化学腐蚀。例如，金属与干燥气体 O_2、H_2S、Cl_2 等接触时，在金属表面将生成相应的化合物，即氧化物、硫化物、氯化物等，使金属表面损坏。

2. 电化学腐蚀

金属与电解质溶液构成微电池而引起的腐蚀称为电化学腐蚀。如金属在酸、碱、盐水等电解质溶液及海水中发生的腐蚀。

电化学腐蚀是由于金属发生原电池作用而引起的。现以铜锌原电池为例说明电化学腐蚀的实质，如图10-1所示。

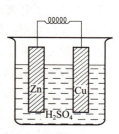

图10-1　电化学腐蚀过程示意图

将锌板和铜板放入电解液中，用导线连接，由于两种金属的电极电位不同，因此有电流通过，构成了原电池。由于锌比铜活泼（锌电极电位低），易失去电子，故电流的产生必然是锌板上的电子往铜板移动。锌原子失去电子后，变成正离子而进入溶液，锌就被溶解破坏了，而铜不受腐蚀。任意两种金属在电解液中互相接触时，就会形成原电池，从而产生电化学腐蚀，其中较活泼的金属（电极电位较低的金属）不断地溶解而损坏。

实际上，即使是同一种金属材料，因内部不同组织（或杂质）的电极电位是不等的，当有电解液存在时，也会构成原电池，从而产生电化学腐蚀。如碳钢是由铁素体和渗碳体两相组成的，铁素体的电极电位低，渗碳体的电极电位高，在潮湿空气中，钢表面蒙上一层液膜（电解质溶液），两相组织互相接触，从而形成微电池，铁素体被腐蚀。

10.2.2　金属腐蚀的防护方法

1. 合理选材，正确设计零件结构

选择零件材料应考虑工作环境中介质的性质和使用条件。如奥氏体不锈钢在大气、水等介质中有耐蚀性，在非氧化性的盐酸、稀硫酸中不耐腐蚀。

零件结构设计应尽量采用圆角，防止产生应力集中，结构要易于清除表面沉积物等。产品设计时应避免电位相差很大的金属直接接触，防止发生电化学腐蚀。

2. 电化学处理

电化学处理是指选择电极电位低的金属，用导线与被保护的金属相连，或安装在被保护的金属上，当发生电化学腐蚀时，阳极金属（电位低的）被腐蚀，阴极金属被保护，此法也称为阴极保护法。阴极保护法常用于船体外壳、海底设备及地下管道等。

3. 化学处理

用化学方法使金属表面生成化合物保护膜，达到防腐目的的方法称为化学处理。

（1）发蓝处理。钢经清洗后在空气-水蒸气或含有 NaOH、$NaNO_3$ 等氧化性介质中加热至 140 ℃左右，使钢表面生成一层致密的氧化膜（呈蓝色或黑色），这种工艺称为发蓝（或发黑）处理。氧化膜由 Fe_3O_4 组成，结构紧密、均匀，与金属表面结合牢固，可改善钢的耐蚀性和外观。

（2）磷化（磷酸盐处理）。将工件浸入磷酸盐溶液中，使工件表面获得一层致密的不溶于水的灰黑色磷酸盐薄膜的工艺称为磷化。磷酸盐薄膜不易剥落，有良好的抗蚀能力。工件磷化后进行涂油或钝化处理，可进一步提高抗蚀能力。

4. 覆盖法

在金属表面覆盖一层耐蚀材料，达到防腐目的的方法称为覆盖法。常用的覆盖法有金属覆盖法、非金属覆盖法等。

（1）金属覆盖法。

① 电镀法。电镀法是利用电化学原理，在金属表面沉积一层耐腐蚀金属的方法。如镀锌可防大气腐蚀；镀铬可防大气、酸、碱等腐蚀，且有装饰作用。

② 包镀法。包镀法是在被保护金属的全部表面上放保护板，进行热轧，依靠机械力及扩散作用使其牢固结合，得到抗蚀覆盖层的方法。如在钢件表面包铝、不锈钢等耐蚀材料。

（2）非金属覆盖法。常用的非金属覆盖法有涂油漆法、涂塑料法及涂防锈油法等。

10.3 金属表面装饰处理

为使金属材料表面美观，需对金属表面进行装饰处理，有些装饰处理兼有防腐作用。

1. 表面抛光

利用机械、化学等作用，在抛光机等设备上进行光整加工的方法称为表面抛光。表面抛光利用剧烈摩擦产生的高温，在加工面上形成极薄熔流层，使凸凹不平的加工表面光亮如镜。

内孔抛光

锥体抛光

2. 美术装饰漆膜

美术装饰漆膜是用美术漆（一种工业用漆）经涂（或喷、烤）制后，形成色彩丰富、花纹斑斓的表层漆膜的表面处理方法。美术装饰漆膜可起到保护、装饰等作用。

3. 光亮装饰镀

光亮装饰镀是在电镀的基础上，加入少量使镀层产生光亮的添加剂，形成光亮镀层的表面处理方法。常用的光亮装饰镀有光亮镀铬、光亮镀镍等。

4. 表面着色

表面着色是通过特定的工艺方法，使金属表面产生与原材料不同的色调，经抛光处理后，获得平滑且富有金属光泽的表面的处理方法。常用的表面着色法有热处理着色法、化学着色法及电化学着色法等。

（1）热处理着色。热处理着色是将金属置于空气或其他气氛中，加热到一定温度进行热处理，使金属表面形成有色氧化膜的表面处理方法。

（2）化学法着色。化学法着色是将一定配比的溶液擦涂或喷涂于工件表面，或将工件浸入溶液中，使金属表面产生相应的氧化物、硫化物等有特定颜色的化合物的表面处理方法。

（3）电化学着色。电化学着色是将工件置于金属盐溶液中，通过化学置换反应，使溶液中的金属离子沉积在金属表面，形成一层着色薄膜的表面处理方法。

金属表面着色膜的耐蚀性和耐久性较差，一般仅用于室内的装饰性产品及日用五金制品。

知识拓展

表面蚀刻是使用化学酸进行腐蚀而使得金属表面得到的一种斑驳、沧桑装饰效果的加工工艺。原理是用耐药薄膜覆盖整个金属表面，然后用机械或者化学方法除去需要凹下去部分的保护膜，使这部分金属裸露。接着浸入药液中，使裸露的部分溶解而形成凹陷，获得纹样，最后用其他药液去除保护膜。

先导案例解决

金属的防护方法有多种，通过本章的学习，了解了常用的金属的防护方法有以下几种：

1. 合理选材，正确设计零件结构；
2. 电化学处理；
3. 化学处理；
4. 覆盖法。

生产学习经验

1. 每年由于腐蚀而直接损耗的金属材料，约占金属年产量的10%。金属腐蚀的现象在我们身边无处不在，因此防止金属腐蚀有很重要的意义。
2. 在一些特定环境中应对金属材料进行表面处理，以提高金属材料的使用性能和寿命。
3. 随着科学技术的进步、工业生产的不断发展和人民生活水平的提高，人们对生活用品及工业设备的制造质量要求也发生了改变,对产品不仅要求耐蚀、耐用,也要求外观洁净漂亮,能赏心悦目,甚至有一定的欣赏价值。

本章教学内容可作一般介绍,重点是掌握金属表面强化处理的方法。

除了本书介绍的金属表面装饰处理方法外,你还知道其他金属表面装饰处理的方法吗?

1. 常用的金属表面强化处理有哪些方法?
2. 什么是化学腐蚀?什么是电化学腐蚀?
3. 电化学腐蚀的原理是什么?
4. 金属腐蚀有哪些防止方法?
5. 金属表面装饰的目的是什么?
6. 常见的金属表面装饰处理有哪些方法?举例说明。

第11章

高分子材料及其他非金属材料

【本章知识点】

1. 了解常用非金属材料的分类。
2. 了解常用非金属材料的性能及应用。

先导案例

方舱是航天工业地面设备中的一种新型装备,在其他部门应用也很广泛。它是一种独立厢体,能在恶劣的外在环境条件下提供良好的内部工作环境,具有多种防护能力。它能适应多种运输形式,机动性能好。你知道在方舱的生产中使用了哪些材料吗?

材料的性能是影响产品及设备使用性能的重要因素之一,因此一直被人们所重视。长期以来,机械工程材料一直是以金属材料为主。虽然金属材料具有许多优良的性能,如强度高、热稳定性好、导电和导热性好等优点,但也存在许多缺点。有些金属材料不能满足一些特殊要求的场合,如密度小、耐腐蚀、电绝缘等。高分子合成材料具有高强度、高绝缘性、高弹性、耐水、耐油、耐磨、耐腐蚀和质轻等一系列优异性能。近几十年来,高分子合成材料在机械制造工业中显示了越来越重要的作用。

11.1 高分子化合物的基本知识

高分子材料制品

11.1.1 高分子化合物(高聚物)的含义

高分子材料是以高分子化合物为主要组成物的材料。一般把相对分子质量不超过 500 的称为低分子化合物,相对分子质量大于 500 的称为高分子化合物,它一般在 $10^3 \sim 10^7$ 的范围内。相对分子质量大是高分子化合物最基本的特性。巨大的相对分子质量赋予这类有机高分子以崭新的物理、化学性质:可以压延成膜,可以纺织成纤维,可以挤铸或模压成各种形状的构件,可以产生强大的黏结能力,可以产生巨大的弹性形变;并具有质轻、绝缘、高强、耐热、耐腐蚀、自润滑等许多独特的性能。

高分子物质相对分子质量虽大,但是组成高分子物质的每个大分子都是由一种或几种简单的低分子物质重复连接而成的。这类能组成高分子化合物的低分子化合物称为"单体"。例如:高分子化合物聚乙烯是由低分子乙烯单体聚合而成的。也就是说,聚乙烯是由乙烯单体多次重复组成的。组成高分子化合物单体结构的单位叫做链节,一个高分子化合物中的链节数目叫做聚合度 n。

$$高分子化合物的相对分子质量 = 链节相对分子质量 \times 聚合度$$

经过聚合而成的高分子化合物,每个分子链的聚合度是不同的,因此实际上高分子化合物是相对分子质量大小不同的同系混合物。对高分子化合物来说,其相对分子质量是指平均相对分子质量。

11.1.2 高分子化合物的合成

目前人工合成的高分子已达上千种，获得实际应用的也有近百种，单是作为塑料使用的高分子就有 40 多种。虽然所合成的高分子化合物种类繁多，但它们都是从化学结构相同的小分子单体开始，经过聚合反应之后，单体间连接成分子量巨大的线型或网状高分子，而且不管它们的化学结构如何变化，这些高分子化合物基本上是通过加聚和缩聚两大类反应而得到。

1. 加聚反应

加聚反应是指由一种或几种单体聚合而成高聚物的反应。在加聚反应过程中，没有低分子产物析出，而且生成的聚合物和单体具有相同的化学组成。最常见的加聚反应的单体是烯类化合物。按照参加反应的单体种类不同，加聚反应可分为均加聚和共加聚两种。

只有一种单体进行的聚合反应，叫做均聚合，其产物为均聚物，例如，聚乙烯、聚氯乙烯等都是均聚物。

由两种或两种以上的单体进行的聚合反应，叫做共聚合，所得产物为共聚物，例如 ABS。

2. 缩聚反应

缩聚反应是指由一种或几种单体相互聚合而形成高聚物的反应。在生成高聚物的同时析出水、氨、醇、卤化氢、酚等小分子化合物。其生成的高聚物叫做缩聚物，如聚酰胺、酚醛树脂等。同样，缩聚反应也可以分为均缩聚和共缩聚两种。

11.1.3 高分子化合物的分类

1. 按来源分类

高分子化合物按照来源可分为两大类：一是天然高分子，二是合成高分子。天然高分子包括来自植物的纤维素、淀粉、木材、天然橡胶树漆以及来自动物的皮、毛、角等。合成高分子是指通过化学反应而获得的一系列高分子化合物。

2. 按用途分类

高分子化合物按用途分类：一类主要是以良好的力学性能而获得应用的结构材料，这类高分子材料包括面大量广的通用高分子和高温（100 ℃）情况下具有高强度（50 MPa）的工程塑料以及复合材料。另一类高分子材料为非结构材料。该类材料除了有一定力学性能以外，主要具备某种特殊的功能，因而也称功能高分子材料。

3. 按链结构分类

高分子化合物按主链的化学结构加以分类：一类是以线型链存在的线型高分子，如常用的聚乙烯、聚丙烯、聚氯乙烯、聚苯乙烯等长链高分子。这些线型高分子链之间以次价键力作用维系在一起。由于分子量很高，链很长，它们的机械强度很大。同时，由于这些线型链间没有化学键连接，它们是可熔的。利用这一性质，在加热（和增塑）的情况下可以把这些高分子反复挤压、铸塑成所需的形状，所以，这类高分子也称为热塑性高分子。另一类高分子是体型高分子，它们的链之间通过化学键的形式组成三维网络结构。这类高分子大多数都是在加热情况下由交联剂把线型的预聚物交联成的，所以也称热固性高分子，例如硫化的橡胶、酚醛树脂压制的"电木"、有万能胶之称的环氧树脂等都是热固性的。这类热固性高分子具有不溶不熔的特点，一旦形成，不能通过加热方式重新将它们塑造成其他形状，也不能为溶剂所溶解，只有在交联度不太大时可为溶剂所溶胀。

11.1.4 高分子材料的老化与防老化

合成高分子化合物在长期使用过程中，受到氧、光、热及微生物等的作用，其结构发生某些改变，从而导致其物理化学性质随时间的增长而逐渐变坏，即称为"老化"。老化的主要表现为材料的硬度及脆性提高，强度降低，也就是高分子化合物失去原有的弹性及挠曲性。与此同时，制件最初的尺寸也发生了变化。

引起高分子化合物老化的内在原因是高分子化合物大分子链的交联与裂解，与高分子化合物本身的结构和工作条件等有关。目前采取的防老化措施大致包括以下三个方面。

（1）高分子化合物结构的改变。例如将聚氯乙烯氯化，可以改善其热稳定性；将 ABS 树脂改为 A（丙烯腈）C（氯化聚乙烯）S（苯乙烯）共聚，则可提高其抗光老化性。

（2）添加助剂。针对不同高分子化合物产生老化的机理，添加防老剂、紫外光吸收剂等。

（3）表面处理。可在高分子化合物表面喷涂金属或涂料保护层，使之与空气、水分、阳光等隔绝，以防止老化。

11.2 高分子材料

绝大部分高分子材料都是以树脂（未经加工的各种高分子化合物）为主要成分进行加工而得到的。目前广泛使用的高分子材料主要有塑料、合成橡胶、合成纤维、胶黏剂等，其中以塑料的应用最广。

11.2.1 塑料

1. 塑料的组成

（1）树脂。塑料的最基本成分是树脂，树脂的种类、性能、数量决定了塑料的类型（热塑性或热固性），而且影响着塑料的主要性质。

塑料制品

（2）填料。填料是塑料的另一重要成分。在塑料中加入填料可以提高机械强度，减少收缩率，还可降低成本，并在一定程度上改善塑料的耐热性、耐磨性和硬度等。塑料的填料一般都是矿物质材料或纤维材料，如石棉、滑石、高岭土等。

（3）增塑剂。增塑剂可以增加塑料的可塑性。一方面可使塑料在成形时流动性增大，另一方面可使制成品的柔韧性和弹性增加。常用的增塑剂有苯二甲酸酯类、膦酸酯类。

除了树脂、填料、增塑剂外，塑料中还常加入一些辅助材料，如着色剂、交联剂、防老化剂等。

2. 塑料的分类

（1）按塑料的热特性，可将其分为热塑性和热固性两种。热塑性塑料的特点是遇热软化，可塑制成形，熔化冷却后又坚硬，这一过程可以反复，其基本性能不变。如聚乙烯、聚酰胺、聚四氟乙烯、聚甲醛等。

热固性塑料的特点是在一定温度下，经过一定时间的加热或加入固化剂后即可固化。固化后的塑料质地坚硬而不溶于溶剂，也不能用加热的方法使之再软化，如果温度过高就进行分解，如酚醛塑料、环氧塑料、氨基塑料等。

（2）按照应用塑料又可分为通用塑料、工程塑料。通用塑料是指产量大、用途广、通用性强的一类塑料。主要制作生活用品、薄膜、绝缘材料和一般小零件等。

工程塑料一般指高温（100 ℃）时具有一定强度（大于 50 MPa）和刚度，工程上作结构材料应用的塑料。与通用塑料相比，性能优异，但价格偏贵。

3. 塑料的性能

（1）强度。与金属相比，塑料的强度不大，但由于塑料质轻，其比强度（强度/相对密度）较高。塑料制品的强度与塑料树脂的分子结构、塑料中的添加剂、加工成形工艺过程等相关。

（2）耐摩擦、耐磨损性能。塑料的硬度比金属低，但塑料的耐摩擦、耐磨损性能却远远优于金属，而且许多塑料还具有自润滑功能，因此它是制造轴承、凸轮、密封圈等摩擦、磨损零件的好材料。

（3）蠕变。塑料的耐蠕变性不如金属。所谓蠕变是指材料受到一固定载荷时，除了开始的瞬时变形外，随着时间的增加而变形逐渐增大的现象。影响塑料蠕变的因素有聚合物的结构、环境温度以及作用力大小等。

（4）热性能。塑料的耐热性低，导热性差，热膨胀系数大，耐燃烧性不如金属。

（5）电性能。塑料的电绝缘性良好。

（6）化学性能。塑料的化学稳定性较好。

（7）成形加工性。多数塑料的成形加工性好。热塑性塑料可通过挤出成形、注射成形等方法来加工；热固性塑料以模压成形、层压成形等方法来加工。

4. 常用塑料简介

表 11-1 是常用塑料的种类、性能及用途。

表 11-1　常用塑料的种类、性能及用途

类别	名称（代号）	主要特点	主要用途
热塑性塑料	聚乙烯（PE）	有优良的耐寒性、耐蚀性、电绝缘性及减磨性，无毒	制薄膜、做包装材料、日常用品；制耐蚀管道、槽、阀件；制造承受小载荷的齿轮、轴承等
	聚丙烯（PP）	密度小，机械性能好，尤其具有较好的刚性和抗弯曲性，耐化学性极好，耐热性能良好，电绝缘性好，不耐低温，无毒	用作各种机械零件，如法兰、齿轮、接头等；用于化工管道、容器、表面涂层等；制薄膜、微波食品容器等日常用品

续表

类别	名称（代号）	主要特点	主要用途
热塑性塑料	聚氯乙烯（PVC）	有较大的压缩强度和表面硬度，较小的伸长率；热稳定性和耐热性较差；耐燃、耐腐蚀；介电性能良好，但随温度升高而变坏	化工容器和防腐设备的结构材料耐腐蚀管道；电线的绝缘包皮、各种软管和日常塑料制品、薄膜、人造革等
	聚苯乙烯（PS）	无色透明，表面富有光泽；密度小，耐腐蚀性能好，电绝缘性极好；吸水性小，抗冲击强度低，质脆，耐热性、耐油性差	制作色彩鲜艳的各种塑料制品，各种仪器外壳、电讯零件、电工绝缘材料
	聚酰胺（PA）俗称尼龙	强度、耐磨性、弹性、消音性、自润滑性、耐腐蚀性、耐油性好；吸水率高，热稳定性差	尼龙品种很多，使用较广的有尼龙6、尼龙66、尼龙610、尼龙1010等，用于制造耐磨机械零件，如轴承、齿轮、滚子、螺钉、螺母等
	聚甲醛（POM）	机械性能高，有很高的硬度和刚性，良好的耐疲劳性、耐磨性；较好的电绝缘性，吸水性小，热稳定性较差，易燃烧，易老化	制造轴承、凸轮、波轮、辊子、齿轮、垫圈、法兰、汽车仪表板、弹簧、管道、鼓风机叶片等
	丙烯腈、丁二烯、苯乙烯共聚物（ABS）	冲击韧性高，表面硬度高，吸水率低，耐化学性及电绝缘性好，易于成形和加工；不耐燃、不透明、耐候性差	制作电器外壳、方向盘、手柄、仪表盘、汽车外壳、一定尺寸精度的零件等
	聚甲基丙烯酸甲酯（PM-MA），俗称有机玻璃	质轻而坚韧，透明洁净、易着色，透光性好且有特殊的曲折传递的光学性能，优越的耐候性、耐紫外线和防大气老化性；硬度低，耐热性能较低	制作光学仪器、模型、标本、汽车外科医疗用具的透明件和装饰件
	聚四氟乙烯（PTEE），亦称塑料王	突出的耐高、低温性能（−180℃～260℃），耐化学腐蚀性好（甚至可耐王水），摩擦系数低，不吸湿，介电性能优良；强度、硬度低，加工困难	主要用作减磨密封零件，化工机械中的各种耐腐蚀零部件以及高温或潮湿条件下的绝缘材料
	聚砜（PSF）	突出的耐热性，优良的抗蠕变性及尺寸稳定性，化学稳定性较好但耐溶剂性差	制造精密齿轮、凸轮、真空泵叶片，汽车护板、分速器盖、风扇罩；管材、板材等
	聚碳酸酯（PC）	抗冲强度高，抗蠕变性、尺寸稳定性、透光性、耐候性好；易开裂，耐疲劳强度不如尼龙和聚甲醛	轴承、齿轮、蜗轮、蜗杆等传动零件的材料；电容器及CD、VCD、DVD光盘的基材；薄膜、纯净水桶等

续表

类别	名称（代号）	主要特点	主要用途
热固性塑料	酚醛塑料（PF）	优良的耐热性、耐磨性、耐腐蚀性、电绝缘性；但性脆易碎，抗冲击强度小	可代替部分有色金属（铝、紫铜等）制作的金属零件，如汽车用刹车片，纺织工业用无色齿轮及各种电绝缘材料
	氨基塑料（UF）	硬度高，电绝缘性、耐油及耐溶剂性良好，难自燃，易着色	制造一般机器零件、绝缘件和装饰件，如开关、插头、灯座、钟表、电话机外壳等

11.2.2 橡胶

橡胶是一种高分子材料，它的弹性模量很低，伸长率很高（100%～1 000%），具有优良的伸缩性和储能性，此外，还有良好的耐磨性、隔音性和阻尼性。在机械零件中，广泛用于密封件、减振和防振件、电气工业中的各种电线、轮胎等。

橡胶制品

橡胶是以生胶为基础加入适量的配合剂制成的。

1. 橡胶的组成

（1）生胶。生胶是未加配合剂、未经硫化的橡胶，也叫胶料。生胶是橡胶制品的主要成分。

（2）配合剂。配合剂是为了提高和改善橡胶制品的性能而加入的物质，如硫化剂（交联剂）、促进剂、活性剂、防老剂、增塑剂等。硫化剂是改变橡胶化学结构和特性的材料，使橡胶的强度和硬度显著增大，虽然弹性、伸长率会有一定下降，但弹性范围会扩大。最常用的硫化剂为硫磺。

无机促进剂 ZnO、MgO、CaO 与有机促进剂硫化氨基甲酸盐等加速硫化，缩短硫化时间。防老剂有酚类、胺类、蜡类等，能抑制某些反应发生，延长橡胶使用寿命。

2. 常用橡胶及应用

橡胶按照原料来源不同可分为天然橡胶和合成橡胶。

天然橡胶是以热带植物茎叶中流出的胶乳为原料，经过浓缩、干燥、加压等工序制成的片状固体，其单体为异戊二烯。

合成橡胶是用化学合成的方法制成的与天然橡胶性质相似的高分子材料。

表 11-2 是常用橡胶的种类、特点和用途。

表 11-2 常用橡胶的种类、特点和用途

种类（代号）	主要特点	用途
天然橡胶（NR）	弹性好、耐磨、电绝缘性好，加工性能良好；但不耐高温，耐油和耐溶剂性差，耐臭氧老化性差	用于制造轮胎、胶带、胶管、胶鞋、防振和缓冲支座等

续表

种类（代号）	主要特点	用途
丁苯橡胶（SBR）	有较好的耐磨性、耐热性、耐老化性，性能与天然橡胶相似；受潮后电性能略有下降，耐油性差，加工性能比天然橡胶差	制轮胎、胶带、胶管等，在大多数情况下代替天然橡胶使用
氯丁橡胶（CR）	机械性能、耐油性、耐溶剂性、耐氧化性、耐老化性、耐腐蚀性好，不易燃烧；密度较大，耐寒性、电绝缘性较差	胶管、输送带、地下采矿用橡胶制品、垫圈、耐油的油罐衬里、黏结剂、织物涂层等
丁基橡胶（IIR）	耐热、耐臭氧、耐老化，不透气性及耐极性溶剂性优异；弹性较低，只有天然橡胶的1/4	轮胎的内胎、探测气球、水袋、蒸汽软管等
硅橡胶（SI）	耐高温和低温，可在-100 ℃~300 ℃下工作，有优异的耐气候性与耐臭氧性，有较好的弹性，有很高的热稳定性	制造各种耐高低温的橡胶制品，如管道接头、各种垫圈、衬垫、密封件，各种耐高温电线、电缆的绝缘层

11.2.3 纤维

纤维是指长度比其直径大很多倍、有一定柔韧性的纤细物质。纤维按其来源和组成可分为天然纤维和化学纤维。

天然纤维是指从自然界中取得的纤维，可分为植物纤维、动物纤维和矿物纤维三大类。

化学纤维是用天然高分子化合物或人工合成的以高分子化合物为原料，经过制备纺丝原液、纺丝和后处理等工序制得的纤维。化学纤维又分为两大类：人造纤维和合成纤维。

人造纤维又称再生纤维，它是用天然高分子化合物为原料，经过人工加工而再生制得的。其化学组成与原高聚物基本相同，包括人造植物纤维、人造蛋白质纤维、人造无机纤维。

合成纤维是指以人工合成的以高聚物为原料制成的化学纤维。如聚酯纤维（涤纶）、聚酰胺纤维（尼龙）、聚丙烯腈纤维（腈纶）等。

合成纤维的品种很多，其中应用较多的纤维名称、性能和用途见表11-3。

表11-3 合成纤维的主要品种、性能和用途

名称（代号）	性能	用途
聚对苯二甲酸乙二酯（PETP）（涤纶、的确良）	可纺性好，断裂强度高，弹性好，耐光性好，热定型性优异；吸色力差，透气性差	电绝缘材料、运输带、绳索、渔网、轮胎帘子线、人造血管等
聚酰胺-6（PA）（锦纶、尼龙-6）	密度小，强度高，弹性好，耐磨性、耐碱性、染色性好；不耐浓酸，吸湿性、耐热性差	轮胎帘子线、工业滤布、渔网、安全网、运输带、绳索、降落伞等

续表

名称（代号）	性　　能	用　　途
聚丙烯腈（PAN）（腈纶、人造羊毛）	密度小、耐日晒性能好、断裂强度高、化学稳定性和耐热性较好，优良的耐霉菌和耐虫蛀性，弹性差	代替羊毛制毛毯和地毯、滑雪外衣、船帆、军用帆布、滤布、帐篷等
碳纤维（CF）	质地强而轻，耐高温，耐腐蚀，耐辐射，自润滑性好，导电性和导热性良好，吸附性强	不单独使用，它以多种形式（如长丝、短纤等）与各种基质（塑料、金属、玻璃等）构成复合材料，目前主要有碳纤维增强塑料和碳/碳复合材料

11.2.4　胶黏剂

胶黏剂亦称黏合剂，是指以富有黏性的物质为基料，加入各种添加剂而成。

高分子胶黏剂在现代生活中发挥越来越重要的作用，与传统的螺纹连接、铆接、焊接乃至钉、缝等连接技术相比，胶黏技术具有许多非凡的功能：可以连接材质、形状各异的材料；可以在维持产品良好性能的前提下减轻结构的质量；连接处应力分布均匀，又延长结构寿命；连接强度高，相同面积的接头，铆接比胶结的剪切强度低40%～100%；具有连接、密封、防潮、绝缘、减振等多种功能；施工简单，成本低廉。

胶黏剂按黏性物质化学成分不同，分为无机胶黏剂（如水玻璃）和有机胶黏剂。有机胶黏剂又分为天然胶黏剂（如糨糊、松香、骨胶、牛皮胶、鱼胶等）和合成胶黏剂（如乳胶、环氧树脂、瞬干胶等）。胶黏剂中除了高分子化合物外，还有稀释剂、固化剂、填料、抗氧剂、防腐剂等。

常用胶黏剂的种类和用途见表11-4。

表11-4　常用胶黏剂的种类及用途

类别	名称	特　　点	用　　途
环氧胶黏剂	环氧通用胶	黏结力强、使用方便，但耐热性和韧性较差	适用各种材料的快速胶结、固定和修补
	环氧-尼龙胶	黏结性强、韧性好	黏结铝、黄铜、碳钢、不锈钢等金属材料
	环氧-聚砜胶	J-19（A、B、C）胶有极好的韧性和很高的黏结强度，但耐水性和耐湿热老化性能差	可胶结金属、玻璃钢、陶瓷和木材

续表

类别	名称	特 点	用 途
改性酚醛胶黏剂	酚醛-丁腈胶	黏结强度高、弹性好、韧性好、耐振动、耐冲击，使用温度范围广	适用于工作温度较高的受力部件的黏结，如汽车刹车片的黏合等
	酚醛-缩醛胶	有较高的黏结强度，抗冲击和耐疲劳性、耐老化性好，耐热性较差	各种金属和非金属材料的黏结
厌氧胶黏剂	甲基丙烯酸双酯	有良好的流动性和密封性。固化后其抗腐蚀性、耐热性、耐寒性较好	螺纹的紧固密封、螺纹件和管线螺纹的密封和防泄漏等
瞬干胶	α-氰基丙烯酸酯胶	目前主要品种有501、502、504等，使用方便、固化迅速，但耐热性和耐溶剂性较差	对多数材料有较好的粘接性能，适用面广
无机胶黏剂	磷酸-氧化铜无机胶	耐热性良好，黏结强度高，耐候性极好，耐水、耐油性、耐低温性较好，性脆、不耐冲击、不耐酸碱腐蚀	用于各种刀具的黏结，钻头的修复和接长，铸件砂眼堵漏、气缸盖裂纹的胶补等

11.3 陶瓷材料

陶瓷零件

陶瓷材料由于制品硬度高，对高温、水和其他化学介质有抗腐蚀性且具有特殊的光学和电学性能，故应用较早且很广泛。

11.3.1 陶瓷的分类与性能

1. 陶瓷的分类

生活中的陶瓷

陶瓷按原料和用途不同分为普通陶瓷和特种陶瓷两大类。

（1）普通陶瓷是用白黏土、正长石和石英等天然原料制成的，主要用于日用和建筑陶瓷。

（2）特种陶瓷是采用人工合成材料（如氧化物、氮化物、硅化物、碳化物和硼化物等）为原料制成的，主要用于化工、冶金、电子、机械等行业。

2. 陶瓷的性能

陶瓷材料的一般特点：具有高耐热性、高化学稳定性、不老化性、高的硬度和良好的抗压能力，但脆性很高，温度急变抗力很低，抗拉、抗弯性能差。

11.3.2 常用陶瓷的种类及应用

常用陶瓷的名称、性能和用途见表11-5。

表 11-5　常用陶瓷的名称、性能和用途

名称	主要性能	主要用途
普通陶瓷	质地坚硬，耐腐蚀、不导电、加工成形性好，成本低；强度低，耐高温性能差	用于电气、化工、建筑、纺织等行业，如化工反应塔、管道等
氧化铝陶瓷	氧化铝含量在85%以上，耐火度、硬度很高，绝缘性、化学稳定性、耐磨性好；脆性大，抗急热急冷性能差	制作刀具和其他耐磨零件，高温热电偶保护管、坩埚，集成电路基片，电真空陶瓷器件等
氮化硅陶瓷	具有优良的高温力学性能，特别是高的耐热冲击性能，化学稳定性好，硬度高、耐磨性好	用于耐磨、耐蚀、耐高温、绝缘的零件，如电热塞、增压器叶轮、高温轴承、阀门等
碳化硅陶瓷	高温力学性能是目前陶瓷材料中最好的，其强度从室温直到 1 600 ℃ 可维持不变，化学稳定性很好，抗高温氧化，耐酸碱腐蚀，导电和导热性较好	高温发热体，热交换器，浇铸金属的浇口，汽轮机叶片，高温轴承，泵的密封圈

11.4　复合材料

复合材料船体

11.4.1　复合材料的概念和性能特点

复合材料是指为克服单一材料的一些不足，充分发挥材料的综合性能，将两种或两种以上性质不同的物质复合而成的一种材料。

复合材料与金属和其他固体材料相比具有比强度和比模量、断裂安全性、抗疲劳强度高，减振性、耐高、温性能、化学稳定性、电绝缘性好等特点。

卫星复合材料零件

11.4.2　复合材料的分类

复合材料多种多样：按基体材料分类，分为金属基复合材料、树脂基复合材料、陶瓷基复合材料、橡胶基复合材料；按增强材料分类，分为纤维增强复合材料（碳纤维、玻璃纤维、有机纤维等）、颗粒增强复合材料；按增强材料外形分类，分为颗粒、层叠、纤维增强等复合材料。

11.4.3　常用复合材料简介

在复合材料中，以纤维增强复合材料发展最快，应用最广。目前常用的纤维复合材料有

以下两种。

1. 玻璃纤维—树脂复合材料

以玻璃纤维为增强剂和以热塑性树脂为黏结剂制成的复合材料通常称为热塑性玻璃钢。常用的热塑性树脂可以是尼龙、聚烯烃类、聚苯乙烯类、热塑性聚酯与聚碳酸酯等。它与普通的热塑性塑料相比，基体材料相同时，强度和抗疲劳性能可提高2～3倍以上，冲击韧性提高2～4倍，蠕变强度提高2～5倍，达到或超过了某些金属的强度。如40%玻璃纤维增强尼龙的强度超过了铝合金而接近了镁合金的强度，且具有变形小、耐腐蚀、不燃烧、电绝缘性能好等许多优良性能。

以玻璃纤维为增强剂和以热固性树脂为黏结剂制成的复合材料通常称为热固性玻璃钢。常用的热固性树脂为酚醛树脂、环氧树脂、不饱和聚酯树脂和有机硅树脂等四种。热固性玻璃钢集中了其组成材料的优点，质量轻，比强度高，耐腐蚀性能好，介电性能优越，成形性能良好。

玻璃钢的主要缺点是弹性模量小，只有钢的10%～20%，另外还有耐热性较差、易老化和蠕变的缺点。玻璃钢的性能还随玻璃纤维和树脂的种类而异。

玻璃钢常用于要求自重轻的构件，如汽车、农机和机车车辆上的受热构件、电器绝缘零件，以及船舶壳件、氧气瓶、石油化工的管道和阀门等。

2. 碳纤维—树脂复合材料

碳纤维通常与环氧树脂、酚醛树脂、聚四氟乙烯等组成复合材料。它们不仅保持了玻璃钢的许多优点，而且许多性能优于玻璃钢。这类材料的密度比铝轻，强度与钢接近。弹性模量比铝合金大，疲劳强度高，冲击韧性高，耐磨、减摩性、耐热性及自润滑性能好等优点。其中碳纤维—环氧树脂复合材料的强度和弹性模量都超过铝合金而接近于高强度钢，完全弥补了玻璃钢弹性模量小的缺点。

在机械工业中，碳纤维树脂复合材料用作承载零件（如连杆）和耐磨零件（如活塞、密封圈等）以及齿轮、轴承等耐磨零件。

知识拓展

高分子材料的绿色化主要表现在可降解性。目前研究最多的是可降解塑料。所谓可降解，是指在一定的使用期内，具有与普通塑料同样的使用功能，超过一定期限以后其分子结构发生变化，并能自动降解而被自然环境同化。可降解的高分子材料已引起世界各国的高度重视，例如日本组织了60多家大公司，成立"生物降解性塑料研究会"，美国也以几家大公司为主体，成立了"可降解塑料协会"，欧美各国还制定了相应法规，禁用或限制非降解塑料的使用。中国从20世纪80年代开始研究和开发可降解塑料制品，现已有光降解农用地膜、生物降解农用地膜、可控光降解与微生物降解农用地膜、可降解餐具等商品面世。

先导案例解决

在方舱的生产中，聚氨酯材料的应用比较广泛。例如：复合板夹层中所使用的隔热材料是硬质聚氨酯泡沫塑料，舱体的地板装饰采用聚氨酯弹性体，舱体外表喷涂的是聚氨酯涂料，舱体上大多数粘接部位和密封部位使用聚氨酯胶粘剂或聚氨酯密封剂。可以说，在方舱的生产中，有60%～80%的非金属材料与聚氨酯材料有关。

生产学习经验

1. 近几十年来，人工合成高分子材料发展非常迅速，越来越多地应用于工业、农业、国防和科学技术的各个领域。
2. 塑料是工业上最常见的高分子材料之一，用途极广。
3. 随着特种陶瓷材料的发展，陶瓷已经开始应用于机械工程中。现代的陶瓷材料已和高分子材料、金属材料一起称为三大固体工程材料。
4. 新型复合材料的研制和应用越来越广泛。有人预言，21世纪将是复合材料的时代，人们的衣食住行以及科学技术的发展都将离不开它。

本章重点是塑料的性能及用途。高分子材料的组成在教学中具有一定的难度，这部分内容是本章的难点。本章内容为选讲内容，教师可根据学生所学工种，选择其中的某一部分内容进行讲授。

高分子材料加工、贮存及使用过程中由于各种因素的影响，性能和使用价值逐渐下降的现象称为老化。老化可分为化学老化和物理老化两种。你知道导致高分子材料老化的因素有哪些吗？

1. 解释名词：
单体，链节，聚合度，加聚反应，缩聚反应，高分子化合物，化学纤维，复合材料。
2. 简述塑料的各种组成物的主要作用。

3. 什么是热固性塑料和热塑性塑料？举例说明其用途。
4. 橡胶由哪些物质组成？橡胶有哪些主要特性？
5. 陶瓷有哪些主要性能？举例说明其用途。
6. 什么是复合材料？其性能如何？举出两种常用复合材料在工业中的应用实例。

实　　验

实验 1　测定低碳钢拉伸时的强度与塑性

一、实验目的
（1）测定低碳钢拉伸时的强度指标 σ_s、σ_b 及塑性指标 δ、ψ。
（2）观察低碳钢拉伸时的变形过程及颈缩断裂现象。

二、实验内容和实验器材

1. 实验内容

低碳钢拉伸试验，画出低碳钢拉伸时的力-变形曲线图，并测定强度指标 σ_s、σ_b 及塑性指标 δ、ψ。

2. 实验器材

（1）WES-50D 屏幕显示式液压万能试验机（或相同类型试验机）；
（2）游标卡尺；
（3）20 钢拉伸试样。

三、试样准备

1. 试样加工

（1）材料：20 钢。
（2）尺寸：参见实图-1。
（3）规格：$l_0 = 10d_0$ 标准拉伸试样。

2. 标定 l_0

在试样测试部分做两个相距约为 100 mm 的标记，并用游标卡尺准确测出两标记间的距离，记作 l_0。

3. 标定 d_0

在标距之间的两个不同位置测量试样横截面直径，计算其平均直径，并记作 d_0。

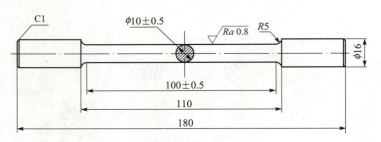

实图-1 拉伸试样

四、实验设备介绍

1. 概述

（1）材料试验机。测定材料力学性能的主要设备。

（2）材料试验机分类。可分为拉伸、压缩、扭转、冲击、疲劳试验机等。

（3）万能机。能兼作拉伸、压缩、弯曲等多种试验的试验机称为万能机。按传递载荷的原理来分：液压式万能机、机械式万能机。

下面以国产 WES-50D 屏幕显示式液压万能试验机为例，介绍一下拉伸试验所用设备。

2. WES-50D 屏幕显示式液压万能试验机

（1）主要用途。

本机采用电子测量技术，计算机数据处理、屏幕显示试验力和试件变形量，并配有打印机，可打印输出试验曲线及试验结果。该机主要用于金属材料的拉伸、压缩、弯曲、剪切试验，亦可作混凝土、水泥等非金属材料的弯曲及压缩试验。

（2）试验机组成。

本机由主机、油源控制柜、放大器、计算机、打印机五个部分组成。

（3）工作原理。

① 油源控制部分对主机液压控制施加试验力，试验力由压力传感器变送出来，转化为与力值成正比例的电压信号，通过力放大器进行比例放大，满量程为 10 V，送到计算机内的 AD 卡。信号传输过程：试验力 $\xrightarrow{\text{压力传感器}}$ 电压信号 $\xrightarrow{\text{放大器}}$ AD 卡。

② 试样在变形过程中，变形量通过引伸计输送出来，采用同样原理把变形信号也送到计算机内的 AD 卡。信号传输过程：变形量 $\xrightarrow{\text{引伸计}}$ 电压信号 $\xrightarrow{\text{放大器}}$ AD 卡。

③ AD 卡把力和变形两路模拟量信号转化为数字量，送到计算机进行数据处理，试验完成后，打印机打印试验结果。

实图-2 为放大器及计算机单元原理框图：

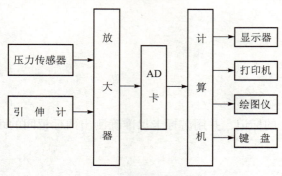

实图-2 放大器及计算机单元原理框图

五、实验步骤

（1）开机预热 30 min。

注意：① 放大器量程应都处于"复位"状态；② 开启计算机和放大器电源开关时，必须先开启计算机电源开关，再开放大器，否则会损坏 AD 卡。

（2）开启油泵开关，松开进油阀；打开打印机电源开关，等待工作。

（3）选择主菜单"试验操作"中的"调零标定"一项，分别按下放大器上"变形"与"试验力"量程的"1"挡。

注意：计算机的屏幕上，"变形"和"试验力"的标定值应分别是 25.00 mm 和 50.00 kN。

（4）选择合适的量程挡位。每挡的量程范围如实表-1、实表-2 所示。

实表-1　试验力挡位量程范围（WES-50D)

挡位	1	2	5	10
量程/kN	0～50	0～25	0～10	0～5

实表-2　变形挡位量程范围

挡位	1	2	5	10
量程/mm	0～25	0～12.5	0～5	0～2.5

① 试验力挡位选择。试样最大拉断力为挡位满量程的 80% 左右，根据估算的试样最大拉断力 F_b 来选择试验力挡位。在试验过程中试验力一般不换挡。

② 变形挡位选择。变形挡位在试验过程中可换挡，所以一开始尽量选择小挡位，但该挡满量程要大于试样屈服点过后或者 $\sigma_{0.2}$ 过后试样的变形量。屈服点或者 $\sigma_{0.2}$ 过后再换到高挡，根据试验情况也可卸下引申计。

（5）选择好合适的试验力及变形挡位后，关闭回油阀，松开进油阀，此时待活塞上升至 5～10 mm 位置，关闭进油阀。这时调节试验力挡位旁的"调零"旋钮，使计算机屏幕上的试验力显示为零。且按下 Ctrl+P，使试验力峰值显示也为零。

（6）夹持试样。先将试样一端夹于上钳口，再调节下钳口，夹住试样下端。试样夹持要铅垂。夹好试样后，会看到试验力显示已不为零了，这是因为夹紧后的反冲，这时不要再调节试验力，否则会影响精度。

（7）加载。打开进油阀，以缓慢、平稳的速度加载直至试样拉断，关闭进油阀。

（8）取下试样，测量 L_1、d_1 填入试验报告中且输入给计算机。

（9）选择主菜单"单件报表"中的"当前文件"一项，打开"试验结果报表"及"试验曲线报表"，打印输出。

六、实验报告

（1）写出实验目的及实验器材。

（2）填写实表-3、实表-4。

实表-3 拉伸前试样尺寸

材料	最大拉力估计值 F_b/kN	计算长度 L_0/mm	直径 d_0/mm		
			截面 1	截面 2	平均
20 钢					

实表-4 拉伸后试样尺寸

材料	计算长度 L_1/mm	断裂处直径 d_1/mm
20 钢		

（3）结论。

$\sigma_s =$ _____ $\sigma_b =$ _____ $\delta =$ _____ $\psi =$ _____

七、试验结果分析与思考

（1）绘出 20 钢的应力-应变曲线，指出在曲线上哪点出现颈缩现象？如果拉断后试棒上没有颈缩，是否表示它未发生塑性变形？

（2）试样的形状和尺寸对测定弹性模量有无影响？试样的形状和尺寸对哪些力学性能有影响？

（3）试验中影响材料力学性能的因素主要有哪些？

实验 2 金属材料的硬度值测定

一、实验目的

（1）了解布氏硬度及洛氏硬度测定的基本原理与应用范围。
（2）掌握布氏硬度及洛氏硬度测定的操作方法。

二、实验内容和实验器材

（1）实验内容：采用布氏法和洛氏法测定标准试验块的硬度值。
（2）实验器材：
① HBRVU—187.5 型布洛维光学硬度计；
② 二等标准布氏硬度块（硬度范围：197±20HBS；精度：197HBS±3%）；
③ 二等标准洛氏硬度块（硬度范围：55～65HRC；40～50HRC；25～35HRC）。

三、HBRVU—187.5型布洛维光学硬度计

1. 概述

本仪器具有多种试验力和多种压头,可用于测定金属材料或试样的布氏、洛氏、维氏硬度。适用于黑色金属(钢材、铸铁件、软钢、淬火钢等)和有色金属(铝合金、铜合金等)的硬度测定,并可测定硬质合金、渗碳层和化学处理层的硬度。

2. 试验前的准备

(1)接通电源,根据试验方法,开启开关。

(2)被测试样的表面应平整光洁,不得带有污物、氧化皮、裂缝、凹坑等显著的加工痕迹。试样的支承面和试台也应清洁,保证良好的密合。

(3)根据试样的形状,选用合适的平台。

(4)将硬度计的加卸试验力手柄按逆时针方向扳回,使硬度计处于卸荷状态。

四、布氏法的实验步骤

(1)根据实表-5选择压头,将压头柄插入测杆轴孔中,轻微拧动固定螺钉(根据选用的标准布氏硬度块的硬度范围,可选择 φ2.5 mm 钢球压头)。

(2)根据实表-6选择总试验力(优先选用粗体字表示的总试验力),顺时针转动变试验力手轮,使所需总试验力数字对应于固定刻线。注意:加卸试验力手柄应处于卸荷位置。

实表-5 三种硬度试验方法的试验力及压头

试验类别	试验力/N		硬度值符号	压头	测量装置	测试材料举例
	初试验力	总试验力				
布氏法		306	HBS	φ2.5 mm、φ5 mm 钢球压头	测量显微镜	有色金属、铸铁、软合金、塑料
		613				
		1 839				
洛氏法	98	588	HRA	金刚石圆锥体	光学测量指示机构	硬质合金、渗碳钢
		980	HRB	φ1.588 mm 钢球		软钢、铜合金、铝合金
		1 471	HRC	金刚石圆锥体		淬火钢、调质钢
维氏法		294	HV	金刚石正四棱锥体	测量显微镜	金属合金的表面硬度、渗碳层、小型、薄型零件
		588				
		980				

实表-6　黑色金属布氏法测量的钢球直径、总试验力及保荷时间

材料	硬度范围（HBS）	F与D之间的关系	钢球直径D/mm	总试验力F/N	保荷时间/s
黑色金属	140~450	$F=30D^2$	10	29 421	10
			5	7 355	
			2.5	**1 839**	
	<140	$F=10D^2$	10	9 807	10
			5	2 452	
			2.5	**613**	

（3）将试件平稳放置在试台上，然后转动升降丝杠的旋轮，使升降丝杠上升，当试件与压头接触，硬度计投影屏中的投影标尺应上升，最后使标尺基线与投影屏固定刻线接近重合，可相差±5个分度值，此时停止上升。

（4）用微调旋钮调整零位，使标尺基线与投影屏固定刻线完全重合。

（5）将加卸试验力手柄以顺时针方向推向前，当投影屏中的标尺停止移动时开始计算保荷时间（保荷时间参见实表-6），待保荷时间到，再扳动手柄回到卸荷位置。

（6）下降丝杠，使试件脱离压头。

将上溜板与试件一起移至测量显微镜下，逐步微量上升丝杠，对准焦距，使压痕成像清晰，测量压痕直径。

（7）对照附录2，确定压痕直径对应的布氏硬度值。

测量显微镜对压痕的计算方法：

1. 计算公式

$$D = n \times l$$

式中　D——压痕直径（维氏法测量即对角线长度）（mm）；

　　　n——压痕测量所得格数（即测量显微镜中第一次读数与第二次读数之差）；

　　　l——测量显微镜鼓轮最小分度值（2.5×物镜时为0.004 mm；5×物镜时为0.002 mm）。

2. n的获取

（1）$n=|n_1-n_2|$。

（2）n_1、n_2均为y向十字刻线与压痕一边相切时显微镜中的读数。读数时，n_1、n_2均是一个三位数：＊＊＊，左起第1位是显微镜中标尺上的读数；后2位是鼓轮上的读数。

3. 例题

用2.5×物镜测量在1 839 N总试验力下测得的布氏硬度，已知在显微镜中十字刻线与压痕两边相切时的读数分别为540和339。

解： 压痕直径　$D=n\times l=$（540-339）×0.004＝0.804（mm）

查附录2得　363 HBS。

五、洛氏法的实验步骤

实验步骤（1）～（5）与布氏法测定的实验步骤相同。

区别：洛氏法测硬度值时总试验力为1 470 N，保荷时间为10 s（参见第1章表1-3）。

(6) 在第 5 步加卸试验力手柄回到卸荷位置后，投影屏上的读数即被测试件的洛氏硬度值。读取数据后，下降丝杠，使试件脱离压头。

(7) 按照上述步骤在试样的另一个位置重复测量一次。

六、实验报告

(1) 写出实验目的及实验器材。

(2) 填写实表-7、实表-8。

实表-7　布氏法测定硬度值时的数据记录

试样标准硬度	钢球直径/mm	总试验力/N	保荷时间/s	第一次读数	第二次读数	物镜倍率	测定布氏硬度值

实表-8　洛氏法测定硬度值时的数据记录

试样标准硬度	压头类型	总试验力/N	保荷时间/s	硬度（HRC）		
				1	2	平均

实验 3　45 钢冲击韧度的测定

一、实验目的

(1) 了解冲击韧性的含义。

(2) 掌握冲击韧度的测定方法。

(3) 正确测定 45 钢的冲击韧度。

二、实验内容和实验器材

(1) 实验内容：测定 45 钢的冲击韧度；观察断裂面形状。

(2) 实验器材：

① JB-300B 冲击试验机；

② 45 钢 V 型缺口冲击试样。

三、试样准备

1. 试样加工

（1）材料：45钢。

（2）尺寸：参见实图-3。

（3）规格：V型缺口冲击试样。

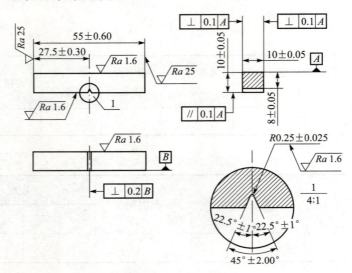

实图-3 V型缺口冲击试样

2. 试样上开缺口的原因

为了使缺口区形成高度应力集中，使冲击功的绝大部分被缺口区所吸收。因此底部越尖锐越能体现这一要求，所以现在较多地采用V型缺口冲击试样。

3. 安放要求

试样缺口应背向摆锤冲击方向。冲击时，试样受弯且缺口一侧受拉，这样应力更容易集中于缺口处。

四、设备介绍

1. 设备名称

JB-300B冲击试验机，最大冲击能量为300J，并带有一个冲击能量为150J的小摆锤。

2. 组成

冲击试验机由摆锤、机身、支座、刻度盘、指针等几部分组成。

3. 试验过程

试验时将带有缺口的受弯试样安放于试验机的支座上，举起摆锤使它自由下落将试样冲断。

4. 冲击功 A_K 的得到

若摆锤重量为 G，冲击中摆锤的质心高度由 H_1 变为 H_2，势能的变化为 $G(H_1-H_2)$，它等于击断试样所耗冲击功 A_K。试验机上刻度盘的刻度按照这样的原理被确定下来，因此我们在使用试验机时，A_K 的数值可由刻度盘直接读出。

五、实验步骤

（1）测量试样缺口处最小横截面面积 S_0。

（2）接通电源，冲击试验机上的指示灯亮。按钮盒上的开关拨到"开"位置。

（3）检查空击指针回零。

让摆锤自由下垂，使被动指针紧靠主动指针，按动按钮盒上的"取摆"按钮，使摆锤举起，依次按动按钮盒上"退销""冲击"按钮，使摆锤空打（即试验机上不放试样），若被动指针不能指零，应调整指零。

（4）安放试样，试样缺口背向摆锤冲击方向，缺口对称面处于支座跨度中点。

（5）再次按动按钮盒上的"取摆"按钮，将摆锤举至初始高度位置，然后按动按钮盒上"退销""冲击"按钮，使摆锤下落冲断试样。记录被动指针在刻度盘上的读数，即为冲断试样所消耗的功 A_K。

（6）取出被冲击断裂的试样。

（7）计算 45 钢的冲击韧度。

六、注意事项

（1）开机使用时必须先空击运行，检查试验机是否正常，并进行指针调零。

（2）当摆锤在工作过程中，操作人员切勿进入摆锤摆动范围内，以免发生危险。

（3）前组操作人员做试验时，注意在摆锤下落冲断试样后，应及时记录指针在刻度盘上的读数；后组操作人员作试验前，应及时将指针回零。

七、实验报告

（1）写出实验目的及实验器材。

（2）填写实表-9。

实表-9　45 钢冲击试验数据记录

材料	缺口横截面面积/cm²	所用冲击能量/J	A_K/J	α_K/（J·cm^{-2}）	试样是否折断
45 钢					

八、分析与思考

（1）为什么试样要有缺口，并且安放于试验机上时，缺口要背向摆锤冲击方向？

（2）试描述 45 钢试样断口的特征。

（3）试验过程中应注意哪些方面？

实验 4 铁碳合金平衡组织观察

一、实验目的

（1）了解金相显微镜的基本构造与使用方法。
（2）观察和识别铁碳合金在平衡状态下的显微组织。

二、实验内容和实验器材

（1）实验内容：观察各类碳钢和白口铸铁的平衡组织，画出各类组织的示意图。
（2）实验器材：
① XJP-6A 金相显微镜；
② 工业纯铁、20 钢、45 钢、T8 钢、T12 钢及亚共晶白口铸铁、共晶白口铸铁、过共晶白口铸铁金相试样。

三、实验准备

1. 金相试样制备简介

（1）取样与镶嵌。
① 取样。硬度不高的材料可用手锯、车床来切取试样，硬度较高的材料可在砂轮切割机上用锯片砂轮切割。
② 镶嵌。对尺寸较小的试样（如薄片、丝状）可采用镶嵌的方法，将试样镶嵌到塑料、电木或低熔点的金属中，也可用夹具夹住。

（2）磨光。先在砂轮上磨平或用锉刀锉平试样，然后用水冲洗、擦干，再用粗砂纸磨掉砂轮磨痕，再依次换用 01~03 号金相砂纸磨平试样。
① 在砂轮磨削过程中，试样应随时用水冷却，以防温度升高引起组织变化。
② 试样粗磨后要倒角，防止在细磨时划破砂纸。
③ 砂纸底下应平整（可垫玻璃或塑料板），磨试样时要沿一个方向磨，不要来回磨，手的压力要均匀。
④ 每换一次砂纸，应将双手和试样上的磨粒冲洗干净，并将磨削方向变换 90°，直到把磨痕磨掉时再换细一号的砂纸。

（3）抛光。抛光分机械抛光、电解抛光和化学抛光等几种，一般采用机械抛光。
机械抛光是在专门的抛光机上进行。使用时将抛光织物（帆布、毛呢、绒布）固定在抛光盘上，然后将试样压在抛光盘上，使试样在旋转的抛光盘上磨成镜面。
在抛光时试样要均匀轻压在抛光盘上，要防止试样飞出或因用力太大而形成新的磨痕。试样应沿抛光盘径向来回移动并缓慢转动，在抛光过程中要不断向抛光盘滴抛光液。抛光液是由极细的氧化铝、氧化铬和氧化镁磨料加水而形成的悬浮液。

（4）磨蚀。抛光后的试样，除了具有特殊颜色的非金属夹杂物外，在金相显微镜下并不能观察到其组织，必须对试样进行腐蚀。由于不同相的耐腐蚀性不同，腐蚀后出现凹凸不平的状态使光线反射情况不同，使显微镜下出现明暗不同的区域，显示出其显微组织。

2. 使用金相显微镜的注意事项

（1）使用中不允许有剧烈振动，调焦时不要用力太大，以免损坏物镜。装取目镜、物镜时要拿稳。

（2）镜头不能用手、纸或布等擦拭，若有脏物应用脱脂纱布蘸少许二甲苯轻轻擦拭。

（3）显微镜照明光源是低压灯泡，因此必须使用低压变压器，不得将其直接插在 220 V 电源上，以免烧坏灯泡。

四、实验步骤

（1）接通电源。

（2）放置试样。将试样放在载物台上，用压片机构压紧。

（3）安装物镜与目镜。按要求的放大倍数选配物镜与目镜。试样的放大倍数是物镜的放大倍数乘以目镜的放大倍数。将物镜装在物镜转换器上，将目镜插入目镜管组的目镜筒中。

（4）调焦。先用粗动调焦手轮调节焦距，看到成像组织后，再用微动调焦手轮进行微调，直至图像清晰。

（5）观察各试样显微组织，绘出组织的示意图。

（6）观察后切断电源，取下镜头与试样，放回原处。

五、实验报告

（1）写出实验目的及实验器材。

（2）填写实表-10。

实表-10　各种铁碳合金的含碳量及平衡组织名称

材料	含碳量/%	平衡组织名称	放大倍数	侵蚀剂
工业纯铁				
20 钢				
45 钢				
T8 钢				
T12 钢				
亚共晶白口铸铁				
共晶白口铸铁				
过共晶白口铸铁				

(3) 在实表-11 中画出各试样的组织示意图，并用箭头标明各组织的名称。

实表-11　各种铁碳合金的组织示意图

1	示意图	2	示意图	3	示意图
名称		名称		名称	
4	示意图	5	示意图	6	示意图
名称		名称		名称	
7	示意图	8	示意图	9	示意图
名称		名称		名称	

实验 5　碳钢热处理后组织转变及力学性能转变

一、实验目的

(1) 了解不同热处理后碳钢组织的转变情况。
(2) 了解热处理对碳钢力学性能的影响。

二、实验内容和实验器材

1. 实验内容

观察退火、正火、淬火后的碳钢金相试样的平衡组织；用硬度计测定未经热处理钢件和经调质处理后钢件的硬度值，比较其区别。

2. 实验器材

(1) XJP-6A 金相显微镜；
(2) HBRVU-187.5 型布洛维光学硬度计；
(3) 球化退火后的 T10 钢金相试样，正火后的 T8 钢金相试样，淬火后的 45 钢金相试样，淬火后的 T12 钢金相试样，未经热处理的 ϕ30 mm 的 45 钢件，经调质热处理的 ϕ30 mm 的 45 钢件。

三、实验步骤

(1) 观察实验室准备的经各种热处理后的金相试样。
(2) 用硬度计测定未经热处理 ϕ30 mm 的 45 钢件和经调质处理后 ϕ30 mm 的 45 钢件的洛氏硬度值。

四、实验报告

(1) 填写实表-12。

实表-12 经热处理后碳钢的组织示意图、组织分析

材料	热处理	组织示意图	组织分析
T10 钢	球化退火		
T8 钢	正火		
45 钢	淬火		
T12 钢	淬火		

（2）填写实表-13。

实表-13 所给钢件的洛氏硬度

序号	材料	热处理	HRC
1	φ30 mm 的 45 钢	未经热处理	
2		经调质热处理	

（3）分析含碳量、淬火加热温度、冷却速度及回火温度对碳钢力学性能的影响规律及其原因。

附　录

附录1　金属热处理工艺的分类及代号（GB/T 12603—1990）

一、分类

热处理分类由基础分类和附加分类组成。

（1）基础分类：根据工艺类型、工艺名称和实现工艺的加热方法，将热处理工艺按三个层次进行分类，见附表1。

（2）附加分类：对基础分类中某些工艺的具体条件的进一步分类。包括退火、正火、淬火、化学热处理工艺加热介质（附表2）；退火工艺方法（附表3）；淬火冷却介质或冷却方法（附表4）；渗碳和碳氮共渗的后续冷却工艺（附表5）；化学热处理中非金属、渗金属、多元共渗、熔渗四种工艺按渗入元素的分类。

二、代号

（1）热处理工艺代号标记规定如右图所示。

（2）基础工艺代号：用四位数字表示。第一位数字"5"为机械制造工艺分类与代号中表示热处理的工艺代号；第二、三、四位数字分别代表基础分类中的第二、三、四层次中的分类代号。当工艺中某个层次不需分类时，该层次用0代替。

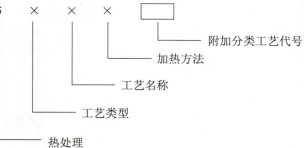

（3）附加工艺代号：用英文字母表示，接在基础分类工艺代号后面，具体代号见附表2～附表5。

（4）多工序热处理工艺代号：多工序热处理工艺代号用破折号将各工艺代号连接组成，但除第一个工艺外，后面的工艺均省略第一位数字"5"，如5151 331G表示调质和气体渗氮。

（5）常用热处理工艺及代号见附表6。

附录

附表 1　热处理工艺分类及代号

工艺总称	代号	工艺类型	代号	工艺名称	代号	加热方法	代号
热处理	5	整体热处理	1	退火	1	加热炉	3
				正火	2		
				淬火	3	感应	2
				淬火和回火	4		
				调质	5	火焰	3
				稳定化处理	6		
				固溶处理、水韧处理	7		
				固溶处理和时效	8		
		表面热处理	2	表面淬火和回火	1	电阻	4
				物理气相沉积	2		
				化学气相沉积	3	激光	5
				等离子体化学气相沉积	4		
		化学热处理	3	渗碳	1	电子束	6
				碳氮共渗	2		
				渗氮	3	等离子体	7
				氮碳共渗	4		
				渗其他非金属	5	其他	8
				渗金属	6		
				多元共渗	7		
				熔渗	8		

附表 2　加热介质及代号

加热介质	固体	液体	气体	真空	保护气氛	可控气氛	流态床
代号	S	L	G	V	P	C	F

附表 3　退火工艺及代号

退火工艺	去应力退火	扩散退火	再结晶退火	石墨化退火	去氢退火	球化退火	等温退火
代号	o	d	r	g	h	s	n

附表 4　淬火冷却介质和冷却方法及代号

冷却介质和方法	空气	油	水	盐水	有机水溶液	盐浴	压力淬火	双液淬火	分级淬火	等温淬火	形变淬火	冷处理
代号	a	o	w	b	y	s	p	d	m	n	f	z

附表 5　渗碳、碳氮共渗后冷却方法及代号

冷却方法	直接淬火	一次加热淬火	二次加热淬火	表面淬火
代号	g	r	t	h

附表6 常用热处理工艺及代号

工艺	代号	工艺	代号
热处理	5000	形变淬火	5131f
感应加热热处理	5002	淬火及冷处理	5131z
火焰热处理	5003	感应加热淬火	5132
激光热处理	5005	真空加热淬火	5131V
电子束热处理	5006	保护气氛加热淬火	5131P
离子热处理	5007	可控气氛加热淬火	5131C
真空热处理	5000V	流态床加热淬火	5131F
保护气氛热处理	5000P	盐浴加热淬火	5131L
可控气氛热处理	5000C	盐浴加热分级淬火	5131mL
流态床热处理	5000F		
		淬火和回火	514
整体热处理	5100	调质	5151
退火	5111	稳定化处理	5161
去应力退火	5111o	固溶处理，水韧处理	5171
扩散退火	5111d	固溶处理和时效	5181
再结晶退火	5111r	表面热处理	5200
石墨化退火	5111g	表面淬火和回火	5210
去氢退火	5111h	感应淬火和回火	5212
球化退火	5111s	火焰淬火和回火	5213
等温退火	5111n	电接触淬火和回火	5214
正火	5121	激光淬火和回火	5215
淬火	5131	电子束淬火和回火	5216
空冷淬火	5131a	物理气相沉积	5228
油冷淬火	5131o	化学气相沉积	5238
水冷淬火	5131w	等离子体化学气相沉积	5248
盐水淬火	5131b		
有机水溶液淬火	5131y	化学热处理	5300
盐浴淬火	5131s	渗碳	5310
压力淬火	5131p	固体渗碳	5311S
双液淬火	5131d	液体渗碳	5311L
分级淬火	5131m	气体渗碳	5311G
等温淬火	5131n		

附录 2　压痕直径与布氏硬度对照表

D/mm	HBS	D/mm	HBS	D/mm	HBS	D/mm	HBS
0.51	908	0.81	354	1.11	184	1.41	110
0.52	873	0.82	345	1.12	180	1.42	108
0.53	840	0.83	337	1.13	177	1.43	106
0.54	809	0.84	329	1.14	174	1.44	105
0.55	780	0.85	321	1.15	170	1.45	103
0.56	752	0.86	313	1.16	167	1.46	101
0.57	725	0.87	306	1.17	164	1.47	99.9
0.58	700	0.88	298	1.18	161	1.48	98.4
0.59	676	0.89	292	1.19	158	1.49	96.9
0.60	653	0.90	285	1.20	156	1.50	95.5
0.61	632	0.91	278	1.21	153	1.51	94.1
0.62	611	0.92	272	1.22	150	1.52	92.7
0.63	592	0.93	266	1.23	148	1.53	91.3
0.64	573	0.94	260	1.24	145	1.54	90.0
0.65	555	0.95	255	1.25	143	1.55	88.7
0.66	538	0.96	249	1.26	140	1.56	87.4
0.67	522	0.97	244	1.27	138	1.57	86.1
0.68	507	0.98	239	1.28	135	1.58	84.9
0.69	492	0.99	234	1.29	133	1.59	83.7
0.70	477	1.00	229	1.30	131	1.60	82.5
0.71	464	1.01	224	1.31	129	1.61	81.3
0.72	451	1.02	219	1.32	127	1.62	80.1
0.73	438	1.03	215	1.33	125	1.63	79.0
0.74	426	1.04	211	1.34	123	1.64	77.9
0.75	415	1.05	207	1.35	121	1.65	76.8
0.76	404	1.06	202	1.36	119	1.66	75.7
0.77	393	1.07	198	1.37	117	1.67	74.7
0.78	383	1.08	195	1.38	115	1.68	73.6
0.79	373	1.09	191	1.39	113	1.69	72.6
0.80	363	1.10	187	1.40	111	1.70	71.6
						1.71	70.6
						1.72	69.6
						1.73	68.7
						1.74	67.7
						1.75	66.8

注：此表适用于钢球直径为 2.5 mm、载荷为 1 839 N、载荷保持时间为 10 s 的情况下测试 140～450 HBS 的黑色金属。

附录3 黑色金属硬度及强度换算表

洛氏硬度		布氏硬度	维氏硬度	近似强度值	洛氏硬度		布氏硬度	维氏硬度	近似强度值
HRC	HRA	HB	HV	σ_b/MPa	HRC	HRA	HB	HV	σ_b/MPa
70	(86.6)		(1 037)		43	72.1	401	411	1 389
69	(86.1)		997		42	71.6	391	399	1 347
68	(85.5)		959		41	71.1	380	388	1 307
67	85.0		923		40	70.5	370	377	1 268
66	84.4		889		39	70.0	360	367	1 232
65	83.9		856		38		350	357	1 197
64	83.3		825		37		341	347	1 163
63	82.8		795		36		332	338	1 131
62	82.2		766		35		323	329	1 100
61	81.7		739		34		314	320	1 070
60	81.2		713	2 607	33		306	312	1 042
59	80.6		688	2 496	32		298	304	1 015
58	80.1		664	2 391	31		291	296	989
57	79.5		642	2 293	30		283	289	964
56	79.0		620	2 201	29		276	281	940
55	78.5		599	2 115	28		269	274	917
54	77.9		579	2 034	27		263	268	895
53	77.4		561	1 957	26		257	361	874
52	76.9		543	1 885	25		251	355	854
51	76.3	(501)	525	1 817	24		245	349	835
50	75.8	(488)	509	1 753	23		240	343	816
49	75.3	(474)	493	1 692	22		234	237	799
48	74.7	(461)	478	1 635	21		229	231	782
47	74.2	449	463	1 581	20		225	226	767
46	73.7	436	449	1 529	19		220	221	752
45	73.2	424	436	1 480	18		216	216	737
44	72.6	413	423	1 434	17		211	211	724

附录4 常用钢的临界点

钢号	临界点/℃					
	Ac_1	Ac_3 (Ac_{cm})	Ar_1	Ar_3	M_s	M_f
15	735	865	685	840	450	
30	732	815	677	796	380	
40	724	790	680	760	340	
45	724	780	682	751	345~350	
50	725	760	690	720	290~320	
55	727	774	690	755	190~320	
65	727	752	696	730	285	
30Mn	734	812	675	796	355~375	
62Mn	726	765	689	741	270	
20Cr	766	838	702	799	390	
30Cr	740	815	670	—	350~360	
40Cr	743	782	693	730	325~330	
20CrMnTi	740	825	650	730	360	
30CrMnTi	765	790	660	740	—	
35CrMo	755	800	695	750	271	
25MnTiB	708	817	610	710	—	
40MnB	730	780	650	700	—	
55Si2Mn	775	840	—	—	—	
60Si2Mn	755	810	700	770	305	
50CrMn	750	775	—	—	250	
50CrVA	752	788	688	746	270	
GCr15	745	900	700	—	240	
GCr15SiMn	770	872	708	—	200	
T7	730	770	700	—	220~230	
T8	730	—	700	—	220~230	−70
T10	730	800	700	—	200	−80
9Mn2V	736	765	652	125	—	—
9SiCr	770	870	730	—	170~180	
CrWMn	750	940	710	—	200~210	
Gr12MoV	810	1 200	760	—	150~200	−80
5CrMnMo	710	770	680	—	220~230	
3Cr2W8	820	1 100	790	—	380~420	−100
W18Cr4V	820	1 330	760	—	180~220	—

参 考 文 献

[1] 单丽云，倪宏昕，傅仁利. 工程材料 [M]. 北京：中国矿业大学出版社，2000.
[2] 王特典. 工程材料 [M]. 南京：东南大学出版社，1996.
[3] 左铁镛. 新型材料 [M]. 北京：化学工业出版社，2002.
[4] 韩永生. 工程材料性能与选用 [M]. 北京：化学工业出版社，2004.
[5] 许德珠. 机械工程材料 [M]. 北京：高等教育出版社，2001.
[6] 单小君. 金属材料与热处理 [M]. 北京：中国劳动社会保障出版社，2001.
[7] 顾惠秋. 金属材料与热处理 [M]. 北京：机械工业出版社，2005.
[8] 栾学钢. 机械设计基础 [M]. 北京：高等教育出版社，2001.